登陆及严重影响广东的热带气旋图集
（1949—2022 年）

广东省气候中心　　编著

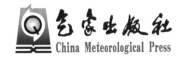

气象出版社
China Meteorological Press

图书在版编目（CIP）数据

登陆及严重影响广东的热带气旋图集 ： 1949—2022
年 / 广东省气候中心编著. -- 北京 ： 气象出版社,
2023.11
　　ISBN 978-7-5029-8113-6

　　Ⅰ．①登… Ⅱ．①广… Ⅲ．①低压（气象）－历史－广
东－画册 Ⅳ．①P424.1-092

中国国家版本馆CIP数据核字（2023）第243295号

登陆及严重影响广东的热带气旋图集（1949—2022 年）
Denglu ji Yanzhong Yingxiang Guangdong de Redai Qixuan Tuji（1949—2022 Nian）

出版发行：气象出版社

地　　址：北京市海淀区中关村南大街 46 号		邮政编码：100081	
电　　话：010-68407112（总编室）　010-68408042（发行部）			
网　　址：http://www.qxcbs.com		E - m a i l：qxcbs@cma.gov.cn	
责任编辑：邵　华　张玥滢		终　审：张　斌	
责任校对：张硕杰		责任技编：赵相宁	
封面设计：艺点设计			
印　　刷：北京地大彩印有限公司			
开　　本：710 mm×1000 mm　1/16		印　张：7.5	
字　　数：93 千字			
版　　次：2023 年 11 月第 1 版		印　次：2023 年 11 月第 1 次印刷	
定　　价：58.00 元			

本书编委会

主　　编：李芷卉

副主编：胡娅敏　　汪明圣　　王娟怀　　董少柔　　温　晶

成　　员：杜　晖　　李文媛　　张柳红　　刘　畅　　徐艳虹　　柳　晖

　　　　　陈卓煌　　饶方成　　刘东玲　　杨小佳　　万碧瑜　　史　丽

　　　　　叶泽文　　王　彤　　肖宇坤　　黄惺惺　　麦冰瑶　　余安然

顾　　问：张　羽　　何　健　　段海来

序

  热带气旋是影响我国最严重的气象灾害之一,历史上重大的热带气旋灾害多数是由热带气旋登陆带来的大风、暴雨、巨浪、风暴潮以及引发的山体滑坡、泥石流、洪水等次生灾害共同影响造成的。我国沿海地区每年都有可能受到热带气旋的影响,在气候变暖的背景下,热带气旋的极端性增强,随着沿海地区人口快速增长及经济水平显著提高,热带气旋造成的经济损失不断增加,沿海地区面临越来越高的风险挑战,因此,热带气旋活动受到政府决策部门和社会公众越来越广泛的关注。

  广东作为中国的"南大门",濒临南海,热带气旋登陆和影响次数居全国之首。在推进气象现代化建设中,勇担气象高质量发展的"排头兵",筑牢气象防灾减灾第一道防线,提供更高水平的热带气旋气象服务保障,是广东气象工作者的使命和任务。编制一本实用的热带气旋工具书,既可满足广大气象从业人员开展热带气旋监测、预警、预报服务业务和科研需求,还能为气象决策服务提供参考,同时向社会公众科普热带气旋知识,非常有意义和价值。

  《登陆及严重影响广东的热带气旋图集(1949—2022 年)》(简称《图集》)是一本聚焦于广东省的区域性热带气旋图集。《图集》中搜集、整理和分析了 70 多年来大量热带气旋历史数据,详细展现了中华人民共和国成立以来每个登陆及严重影响广东的热带气旋发展路径轨迹和登陆情况。《图集》体现了两方面价值:一是热带气旋历史记录的图示,让读者直观地了解多年来复杂多变的热带气旋气象灾害的严重性和影响力,能够更好地认识到这些自然灾害对人类社会的威胁和挑战,提高社会各界对于热带气旋的认知和风险意识;二是作为便携的热带气旋业务工具书,其翔实记录了每个登陆及严重影响广东热带气旋的特点、规律和影响,快速阅读性为热带气旋的监测、预警、预测及防御提供参考依据。

  本图集的编制出版,可以为业务及科研部门开展热带气旋监测预测、灾害评估、应对气候变化、气候资源开发利用等相关工作提供基础数据,为各级政府部门开展防灾减灾、决策服务、应急预警等工作提供科学参考依据,为社会公众加强对热带气旋的认识提供科普宣传材料。

广东省气象局局长 庄旭东

2023 年 10 月

前　言

　　在全球范围内,热带气旋是给人类社会带来损失最大的自然灾害之一,也是影响我国最主要的灾害性天气之一。广东位于中国南部,拥有得天独厚的地理位置和丰富的自然资源,亦因紧靠热带海洋而成为我国热带气旋登陆及严重影响最多的省份。热带气旋带来了大风、暴雨和风暴潮等极端天气,对广东沿海地区造成了巨大的破坏,给人民生命财产安全造成巨大损失。

　　《图集》统计了1949—2022年所有登陆及严重影响广东的热带气旋,通过图片、数据列表介绍每个热带气旋的路径、登陆时间、登陆地点、登陆风速(风力等级)、登陆气压、登陆等级以及每年的热带气旋总览和前期海温异常情况,让读者更好地了解热带气旋的威力与不确定性,也可为业务、科研以及气象决策服务工作提供参考,且查阅方便。

　　《图集》在详尽客观地描述每个热带气旋特征的同时,也希望提醒读者关注自然灾害的影响。随着全球气候变暖的加剧,热带气旋的频率和强度出现不确定性的变化,这对广东地区及其他沿海地区来说均是巨大的挑战。通过了解多年来热带气旋的记录,可以更好地应对未来可能发生的情况,并采取相应的防范措施。

　　《图集》由广东气象灾害风险普查项目资助。《图集》得以整编成册,要感谢广东省气候中心前辈们留下的珍贵历史资料,感谢广东省气象台、中国气象局广州热带海洋气象研究所、广州市气候与农业气象中心的专家们提出的宝贵意见,还要感谢所有为编制本图册提供支持和帮助的气象同行……这里无法一一列出,恳请谅解,在此深表谢意。

　　希望《图集》能够帮助读者更好地了解广东地区热带气旋的过往与现状。《图集》中如有不足和疏漏之处,恳请读者指正。

编者

2023 年 10 月

目　录

1　概　述

1.1　广东省地理位置及气候概况

广东省位于中国大陆的最南端,北面为南岭山脉,东北方为武夷山脉,西接云开大山,地势北高南低,多山地、丘陵、平原、台地,地形复杂。东临福建省,北接江西省、湖南省,西接广西壮族自治区,南邻南海,珠江口东西两侧分别与香港、澳门特别行政区接壤,西南部雷州半岛隔琼州海峡与海南省相望。广东省大陆海岸线长 3368.1 千米,是中国海岸线最长的省份,也是热带气旋登陆及影响最多的省份。全省有大小岛屿 759 个,其数量仅次于浙江、福建两省,位居全国第三位,较大的海岛有南澳岛、上川岛、海陵岛和东海岛,其中南澳岛是广东省最大的海岛县,也是广东省唯一可作为热带气旋登陆地点的沿海岛屿。

广东省处于东亚季风区,南北分属热带、亚热带气候,冬无严寒,夏无酷暑,气候温暖,雨量充沛,是全国光、热和水资源较丰富的地区。全省年平均气温 22.1 ℃(1991—2020 年平均,下同),自北向南气温逐渐升高,最低为连山(19.2 ℃),最高为徐闻(24.1 ℃);月平均气温 1 月最冷(13.5 ℃),7 月最热(28.6 ℃)。全省年平均降水量 1798.8 毫米,最少年份仅有 1179.6 毫米(1963 年),最多年份达到 2321 毫米(2016 年)。每年降水集中期在汛期(4—9 月),4—6 月为前汛期,主要以锋面降水为主,7—9 月为后汛期,是热带气旋的主要影响时段。年降水量分布不均,海丰最多(2553.6 毫米),南澳最少(1361.6 毫米);有 3 个多雨中心,分别是阳江—恩平—斗门、海丰—陆丰—普宁、清远—佛冈—龙门;月平均降水量有 2 个峰值,分别是 6 月(329.7 毫米)和 8 月(264.1 毫米),12 月降水量为全年最少(40.1 毫米)。年平均日照时数 1748.9 小时,自北向南逐渐增加,最少仅为 1294.8 小时(连山),最多可达 2187.2 小时(澄海)。

广东省是全国气象灾害的频发地区之一,平均每年发生 20～30 次不同类型的自然灾害中,有 70％以上由气象原因引起。热带气旋带来的大风和暴雨是广东省最主要的灾害性天气之一,2013—2022 年,广东省平均每年因热带气旋造成的经济损失约 142 亿元,约占全省气象灾害损失的 68％,居各种自然灾害之首,其造成的年均死亡人数约占因自然灾害原因死亡人数的 20％。

1.2　《图集》数据说明

1.2.1　数据来源

《图集》所使用的数据来源于中国气象局热带气旋资料中心(tcdata. typhoon. org. cn)和上海台风研究所编辑出版的《西北太平洋台风基本资料集(1949—1980)》,热带气旋路径取自中国气象局(CMA)热带气旋最佳路径数据集。资料时段为1949—2022 年。

此外,在以下叙述中,登陆及严重影响广东的热带气旋包含登陆及严重影响香港特别行政区(简称"香港",下同)、澳门特别行政区(简称"澳门",下同)的热带气旋。

1.2.2　常年平均

统计时段为1949—2022 年的气候平均值。

1.3　逐年情况一览表说明

1.3.1　厄尔尼诺/拉尼娜事件

按照《厄尔尼诺/拉尼娜事件判别方法》(GB/T 33666—2017)国家标准对前一年冬季(前冬)的厄尔尼诺/拉尼娜事件(简称 ENSO 事件,下同)进行划分:若前冬发生 ENSO 事件,则列出事件强度和类型;若无 ENSO 事件发生,则用"—"表示。ENSO 历史事件统计表详见附录 C。

1.3.2　初(终)旋日期

初旋日期指的是当年第一个登陆或严重影响广东(含香港、澳门)的热带气旋登陆(影响)日期,终旋日期指的是当年最后一个登陆或严重影响广东(含香港、澳门)的热带气旋登陆(影响)日期。

1.3.3　登陆及严重影响广东热带气旋个数

当年登陆及严重影响广东(含香港、澳门)的热带气旋个数总和。

1.3.4　进入南海及南海生成热带气旋个数

根据广东省气象业务及服务需求,《图集》仅统计了西北太平洋生成并进入南海海域以及在南海海域生成的热带气旋生命史中心最大风速≥17.2米·秒$^{-1}$的热带气旋个数。南海海域采用的是地理水域的南中国海:北起广东省南澳岛与台湾岛南端鹅銮鼻一线,南至加里曼丹岛、苏门答腊岛,西依中国大陆、中南半岛、马来半岛,东抵菲律宾。

1.3.5 西北太平洋生成热带气旋个数

根据广东省气象业务及服务需求,仅统计西北太平洋和南海海域(100°E—180°,0°—60°N)范围内生成的热带气旋生命史中心最大风速≥17.2米·秒$^{-1}$的热带气旋个数。

1.4 逐年登陆及严重影响广东的热带气旋纪要表说明

1.4.1 登陆广东的热带气旋

在广东境内以及香港和澳门登陆的热带气旋。

1.4.2 严重影响广东的热带气旋

未在广东(含香港、澳门)登陆,离广东陆地省界和海岸线的最近距离≤1个纬距范围内(一般取110千米)的热带气旋。

此外,《图集》中还将热带气旋外围环流给广东造成明显灾害或者带来明显暴雨、大风天气的热带气旋统计入内。如2008年热带气旋"凤凰"和2022年热带气旋"纳沙"等。

1.4.3 热带气旋等级标准

按照热带气旋底层中心附近最大平均风速的大小来划分。1949年以来,中国的热带气旋等级划分使用过3套标准。

(1)1949—1988年分为热带低压、台风和强台风3个等级,并统称为"台风",详见表1-1。

表1-1 台风等级划分表

热带气旋等级	底层中心附近最大平均风速/(米·秒$^{-1}$)	底层中心附近最大风力/级
热带低压	10.8~17.1	6~7
台风	17.2~32.6	8~11
强台风	>32.6	12或以上

（2）1989—2005年分为热带低压、热带风暴、强热带风暴和台风4个等级，并统称为"热带气旋"，详见表1-2。

表 1-2　热带气旋等级划分表(GB/T 19201—2003)

热带气旋等级	底层中心附近最大平均风速/(米·秒⁻¹)	底层中心附近最大风力/级
热带低压(TD)	10.8～17.1	6～7
热带风暴(TS)	17.2～24.4	8～9
强热带风暴(STS)	24.5～32.6	10～11
台风(TY)	≥32.7	12 或以上

（3）2006年至今分为热带低压、热带风暴、强热带风暴、台风、强台风和超强台风6个等级，并统称为"热带气旋"，详见表1-3。

表 1-3　热带气旋等级划分表(GB/T 19201—2006)

热带气旋等级	底层中心附近最大平均风速/(米·秒⁻¹)	底层中心附近最大风力/级
热带低压(TD)	10.8～17.1	6～7
热带风暴(TS)	17.2～24.4	8～9
强热带风暴(STS)	24.5～32.6	10～11
台风(TY)	32.7～41.4	12～13
强台风(STY)	41.5～50.9	14～15
超强台风(SuperTY)	≥51.0	16 或以上

为了便于对比，《图集》的热带气旋登陆等级统一按照最新的国家标准《热带气旋等级》(GB/T 19201—2006)来划分，若登陆风速＜10.8米·秒⁻¹，则留空。此外，1949—1972年根据现有资料只有登陆风力等级，且最高12级，所以只划分为热带低压、热带风暴、强热带风暴和台风4个等级。

1.4.4　热带气旋编号

《图集》中采用中央气象台对热带气旋的编号。中央气象台从1959年开始对中心附近最大风力达到8级或以上的热带气旋编号,无编号热带气旋则留空,热带低压用"△"表示。

1.4.5 热带气旋中(英)文名称

2000年之前,西北太平洋的热带气旋没有统一的名称,国际上一般采用位于关岛(现已移至夏威夷)的美国海军联合台风警报中心(Joint Typhoon Warning Center,JTWC)命名的英文名称,1949—1999年使用过2套英文名称:1949—1978年使用只有女性人名的名称;1979—1999年使用男性人名和女性人名交替的名称。

2000年至今,世界气象组织区域专业气象中心(Regional Specialized Meteorological Center,RSMC)——东京台风中心负责按照亚洲太平洋经济社会委员会/世界气象组织(ESCAP/WMO)台风委员会确定的西北太平洋和南中国海热带气旋命名表对达到热带风暴及其以上强度的热带气旋命名,中文译名由国家气象主管机构与中国香港和中国澳门地区气象机构协商一致确定。

《图集》中2000年以前的热带气旋名称采用美国海军联合台风警报中心命名的英文名(且只有英文名),2000年后采用统一的中(英)文名称。

具体的命名由来、方法和命名表详见附录B,无名称热带气旋则留空。

1.4.6 热带气旋登陆(影响)日期

热带气旋登陆或严重影响广东(含香港、澳门)的时间。有以下几种情况:

(1)若热带气旋多次登陆广东(含香港、澳门),则依次列出登陆日期;

(2)若热带气旋多次登陆几个省份,仅列出登陆广东(含香港、澳门)的登陆日期;

(3)影响严重的热带气旋,将移动路径距离广东(含香港、澳门)最近或者进入广东境内开始时的日期记录在"()"内;如有登陆其他省份则在"()"外列出距离广东最近登陆点的日期。

1.4.7 热带气旋登陆地点

一般精确到县或市,也可跨县或市。沿海岛屿中除台湾岛、舟山群岛、香港岛、海南岛、崇明岛以外,都不作为登陆地点处理。自2018年起,经第八届全国台风及海洋气象专家工作组会议审议决定,新增福建省平潭市、东山县和广东省汕头市南澳岛(县)为台风登陆点。此外,该次会议审议决定:台风中心经过广东省湛江市东海岛和南三岛时视为登陆湛江;经过广东省阳江市海陵岛时视为登陆阳江;经过浙江省舟山群岛朱家尖岛和金塘岛时视为登陆舟山;经过浙江省象山县高塘岛和南田岛时视为登陆象山;经过江苏省连云港市西连岛时视为登陆连云港。但在整编年鉴时,登陆点仍将被标记为具体岛屿。

表格内列出当时所用地名,若发生地名变更,则在表格后标注说明现今地名。

在登陆地点前标注有"＊"的,为热带气旋副中心(台风环流中心附近分裂或新生的中心)登陆的地点。

1.4.8　热带气旋登陆风速(风力)

热带气旋登陆时底层中心附近最大平均风速。1949—1972 年采用 0～12 级共 13 个等级的登陆风力表示风速大小,登陆强度等级所记录的最高等级为 12 级;1973 年开始采用热带气旋登陆风速表示。

1.4.9　热带气旋登陆气压

热带气旋登陆时中心海平面最低气压。

1.4.10　热带气旋登陆等级

参照国家标准《热带气旋等级》(GB/T 19201—2006),即根据热带气旋底层中心附近最大风速将热带气旋划分为超强台风、强台风、台风、强热带风暴、热带风暴、热带低压 6 个等级,其中超强台风用加粗红字表示,强台风用红字表示。

1.4.11　其他说明

为了更准确地记录热带气旋的登陆情况,《图集》统计登陆地点、登陆风速(风力)、登陆气压及登陆等级时,还有以下几种情况:

(1)若热带气旋多次登陆广东(含香港、澳门),则依次列出登陆地点、登陆风速(风力)、登陆气压和登陆等级;

(2)若热带气旋多次登陆几个省份,仅列出登陆广东(含香港、澳门)的登陆地点、登陆风速(风力)、登陆气压和登陆等级;

(3)严重影响广东的热带气旋如登陆其他省份,则列出距离广东最近登陆点的登陆地点、登陆风速(风力)、登陆气压和登陆等级;

(4)若严重影响广东的热带气旋没有登陆中国,则留空。

1.5　热带气旋路径图说明

根据中国气象局热带气旋最佳路径数据集绘制完成。

1.5.1　热带气旋图例

按照热带气旋路径数据记录中的底层中心附近 2 分钟平均最大风速,将每个记录点划分为超强台风、强台风、台风、强热带风暴、热带风暴、热带低压、低涡 7 个等级,用不同颜色表示,其中前 6 个等级参照国家标准《热带气旋等级》(GB/T 19201—2006),若底层中心附近 2 分钟平均最大风速<10.8 米·秒$^{-1}$,则用低涡表示。

1.5.2　热带气旋标注

在每一个热带气旋的起始点标注该热带气旋的中央气象台编号,编号后若加"(一)1"或"(一)2"则表示副中心及其序号。若为热带低压,则同时标注"热带低压",若无中央气象台编号也不是热带低压,则不标注。

2　1949—2022 年登陆及严重影响广东省热带气旋总览

2.1　登陆及严重影响广东的热带气旋概况

　　1949—2022 年登陆及严重影响广东的热带气旋总数为 427 个,平均每年有 5.8 个,最多的是 10 个(1961 年),最少的是 2 个(1969 年、1997 年和 2019 年)(图 2-1)。

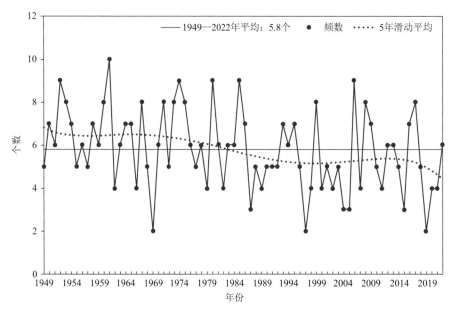

图 2-1　1949—2022 年登陆及严重影响广东(含香港、澳门)的热带气旋个数

登陆及严重影响广东的初旋平均出现在 6 月 24 日,最早出现在 4 月 19 日(2008 年,0801 号热带气旋),最晚出现在 8 月 11 日(1998 年,9803 号热带气旋);终旋平均出现在 10 月 4 日,最早出现在 8 月 11 日(1989 年,第 17 号热带低压),最晚出现在 12 月 21 日(2021 年,2122 号热带气旋)(图 2-2)。

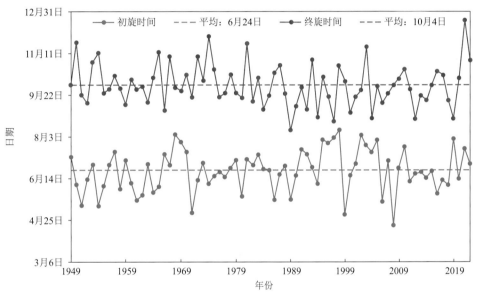

图 2-2　1949—2022 年登陆及严重影响广东(含香港、澳门)的热带气旋初终旋时间

2.2　登陆广东的热带气旋概况

　　1949—2022 年登陆广东的热带气旋总数为 274 个,超过全国 1/3,平均每年有 3.7 个;年最多登陆 7 个(1952 年、1961 年、1967 年和 1993 年),最少仅有 1 个(1956 年、1969 年、2005 年、2007 年、2010 年和 2019 年)(图 2-3)。

　　初次登陆广东时达到台风及以上级别的占 26%,强热带风暴级别的占 27%,热带风暴级别的占 22%,热带低压及以下级别的占 25%(图 2-4)。

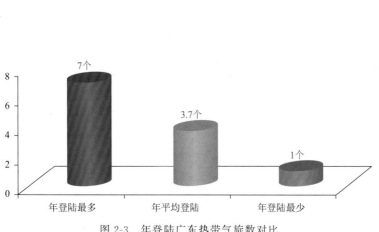

图 2-3 年登陆广东热带气旋数对比

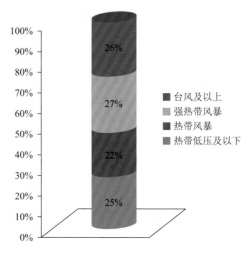

图 2-4 初次登陆广东的热带气旋等级分布

　　登陆广东的热带气旋主要出现在 6—10 月,而 7—9 月是其登陆的高峰期。最早登陆的热带气旋为 2008 年第 1 号热带气旋"浣熊",于 2008 年 4 月 19 日登陆阳东;最晚登陆的热带气旋为 1974 年第 27 号热带气旋"Irma",于 1974 年 12 月 2 日登陆台山(图 2-5)。

　　热带气旋登陆位置从西向东年登陆个数减少,登陆个数占比粤西为 45%,大湾区为 34%,粤东为 21%。最频登陆点为粤西的雷州湾和阳西的沙扒、大湾区的巽寮湾和粤东惠来的神泉港(图 2-6)。

　　具体来看,初次登陆点在湛江的热带气旋最多,达到 79 次,其次是阳江,有 41 次,江门和汕尾紧随其后,达到 30 次;广州、中山、澳门和潮州的初次登陆点较少,近 70 年来不足 10 次;东莞是广东省唯一没有成为热带气旋初次登陆点的沿海城市(图 2-7、图 2-8、图 2-9)(注:在图 2-7 至图 2-11 的分市统计中,若热带气旋在两市交界处登陆,则各算登陆 1 次)。

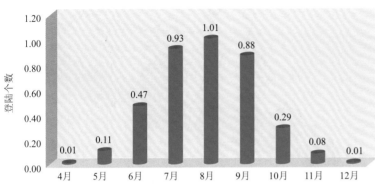

图 2-5 登陆广东的热带气旋个数逐月分布

图 2-6 初次登陆广东的热带气旋位置分布与最频登陆点

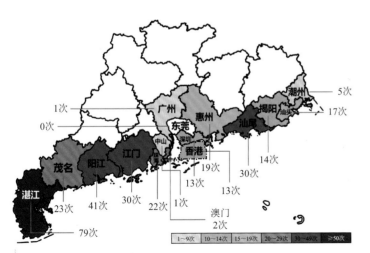

图 2-7 热带气旋初次登陆地点分布

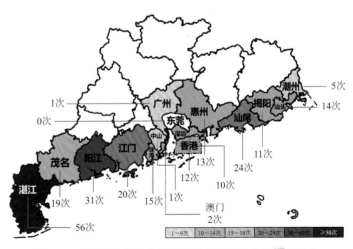

图 2-8 热带风暴及以上级别热带气旋初次登陆地点分布

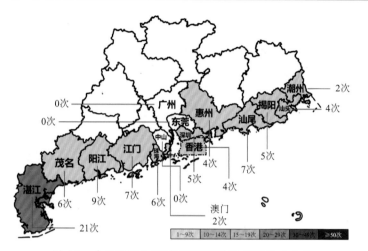

图 2-9　台风及以上级别热带气旋初次登陆地点分布

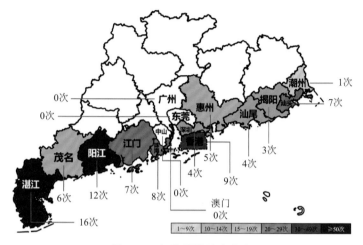

图 2-10　初旋登陆地点分布

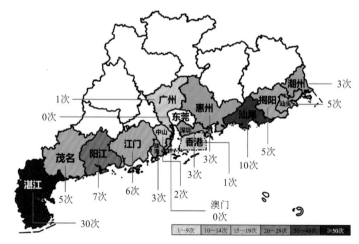

图 2-11　终旋登陆地点分布

初旋登陆地点自西向东登陆数逐渐减少,最多的是湛江,有 16 次,其次是阳江,有 12 次,香港以 9 次位居第三(图 2-10)。终旋登陆点同样是粤西最多,粤东其次,大湾区成为终旋登陆点的次数较少。沿海城市中,湛江有 30 次,其次是汕尾的 10 次,阳江以 7 次紧随其后(图 2-11)。

3 1949—2022 年逐年登陆及严重影响广东省热带气旋概况

• 1949 年

1949 年,登陆广东的热带气旋有 5 个,无严重影响的热带气旋(表 3-1,表 3-2,图 3-1)。

表 3-1 1949 年总体情况一览表

前冬 ENSO 事件	事件强度	事件类型	初旋日期	终旋日期	登陆及严重影响广东个数	进入南海及南海生成个数	西太及南海生成个数
-			7 月 10 日	10 月 4 日	5	12	28

表 3-2 1949 年登陆及严重影响广东的热带气旋纪要表

序号	中央气象台编号	名称		登陆(影响)日期	登陆情况			
		中文	英文		地点	风力/级	气压/百帕	等级
1			Elaine	7 月 10 日	香港	8	996	热带风暴
2	△			8 月 9 日	广东台山	<5	1000	
3				9 月 8 日	广东台山	11	990	强热带风暴
4			Nelly	9 月 15 日	广东潮阳	6~7	1000	热带低压
5			Omilia	10 月 4 日	广东澄海—饶平	8	993	热带风暴

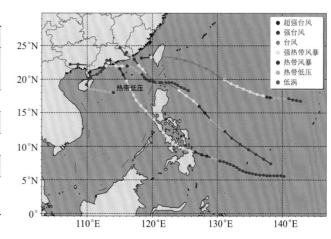

图 3-1 1949 年登陆及严重影响广东的热带气旋路径图

• 1950 年

1950 年,登陆广东的热带气旋有 3 个,严重影响的热带气旋有 4 个(表 3-3,表 3-4,图 3-2)。

表 3-3 1950 年总体情况一览表

前冬 ENSO 事件	事件强度	事件类型	初旋日期	终旋日期	登陆及严重影响广东个数	进入南海及南海生成个数	西太及南海生成个数
-	-	-	6 月 7 日	11 月 24 日	7	5	32

表 3-4 1950 年登陆及严重影响广东的热带气旋纪要表

序号	中央气象台编号	名称		登陆(影响)日期	登陆情况			
		中文	英文		地点	风力/级	气压/百帕	等级
1				6 月 8 日 (6 月 7 日)	台湾彰化—台南	8	992	热带风暴
2	△			7 月 9 日	广东斗门	6	1002	热带低压
3	△			7 月 27 日	广东海康	6	993	热带低压
4	△			9 月 28 日 (9 月 28 日)	海南琼海	7	996	热带低压
5			Ossia	10 月 6 日	广东湛江—海康	8	996	热带风暴
6	△			10 月 14 日 (10 月 15 日)	海南琼海	7	1000	热带低压
7			Delilah	11 月 23 日 (11 月 24 日)	海南万宁	8	1000	热带风暴

注:广东海康县,现为广东雷州市。

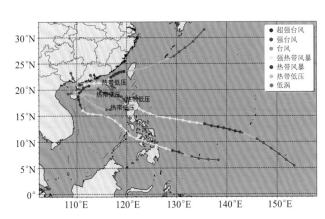

图 3-2 1950 年登陆及严重影响广东的热带气旋路径图

• 1952 年

1952 年,登陆广东的热带气旋有 7 个,严重影响的热带气旋有 2 个(表 3-7,表 3-8,图 3-4)。

表 3-7　1952 年总体情况一览表

前冬 ENSO 事件	事件强度	事件类型	初旋日期	终旋日期	登陆及严重影响广东个数	进入南海及南海生成个数	西太及南海生成个数
暖	弱	东部型	6 月 13 日	9 月 12 日	9	16	32

表 3-8　1952 年登陆及严重影响广东的热带气旋纪要表

序号	中央气象台编号	名称 中文	名称 英文	登陆(影响)日期	登陆情况 地点	登陆情况 风力/级	登陆情况 气压/百帕	等级
1			Charlotte	6 月 13 日	广东电白	10	985	强热带风暴
2				6 月 28 日	广东惠来	7	996	热带低压
3			Emma	7 月 6 日	广东电白—吴川	10	985	强热带风暴
4			Harriet	7 月 30 日	广东陆丰—海丰	9	988	热带风暴
5	△			8 月 12 日	广东徐闻	6	995	热带低压
6	△			8 月 20 日	广东阳江	6	1000	热带低压
7			Mary	9 月 1 日 (9 月 1 日)	*福建漳浦	6	996	热带低压
8			Nora	9 月 6 日 (9 月 6 日)	海南文昌	12	983	台风
9				9 月 12 日	广东汕头	11	990	强热带风暴

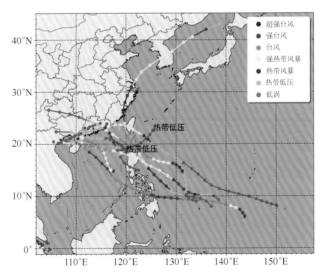

图 3-4　1952 年登陆及严重影响广东的热带气旋路径图

•1953 年

1953 年,登陆广东的热带气旋有 3 个,严重影响的热带气旋有 5 个(表 3-9,表 3-10,图 3-5)。

表 3-9　1953 年总体情况一览表

前冬 ENSO 事件	事件强度	事件类型	初旋日期	终旋日期	登陆及严重影响广东个数	进入南海及南海生成个数	西太及南海生成个数
-	-	-	7 月 1 日	11 月 1 日	8	11	27

表 3-10　1953 年登陆及严重影响广东的热带气旋纪要表

| 序号 | 中央气象台编号 | 名称 | | 登陆(影响)日期 | 登陆情况 | | | |
		中文	英文		地点	风力/级	气压/百帕	等级
1				7 月 1 日	广东海康	7	985	热带低压
2	△			(7 月 25 日)				
3	△			8 月 10 日 (8 月 11 日)	海南文昌	6	994	热带低压
4			Ophelia	8 月 14 日 (8 月 14 日)	海南文昌	12	961	台风
5			Rita	9 月 2 日	广东海丰 —惠东	12	960	台风
6			Susan	9 月 19 日	广东台山 —阳江	11	988	强热带风暴
7				9 月 27 日 (9 月 27 日)	海南文昌	6	998	热带低压
8			Betty	11 月 1 日 (11 月 1 日)	海南文昌	12	970	台风

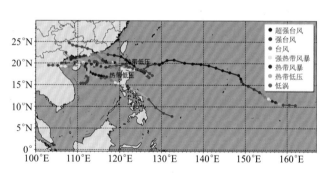

图 3-5　1953 年登陆及严重影响广东的热带气旋路径图

注:广东海康县,现为广东雷州市。序号 2 热带低压西行至广东近海后减弱消失。

• 1954 年

　　1954 年,登陆广东的热带气旋有 5 个,严重影响的热带气旋有 2 个(表 3-11,表 3-12,图 3-6)。

表 3-11　1954 年总体情况一览表

前冬 ENSO 事件	事件强度	事件类型	初旋日期	终旋日期	登陆及严重影响广东个数	进入南海及南海生成个数	西太及南海生成个数
-	-	-	5 月 12 日	11 月 12 日	7	11	23

表 3-12　1954 年登陆及严重影响广东的热带气旋纪要表

序号	中央气象台编号	名称 中文	名称 英文	登陆(影响)日期	登陆情况 地点	登陆情况 风力/级	登陆情况 气压/百帕	等级
1			Elsie	5 月 12 日 (5 月 12 日)	广西北海	8	990	热带风暴
2	△			(6 月 28 日)				
3				8 月 5 日	广东台山 —阳江	7	995	热带低压
4			Ida	8 月 30 日	广东湛江 —海康	14	950	台风
5				9 月 3 日	广东海康	8	987	热带风暴
6			Pamela	11 月 6 日 11 月 7 日	广东台山 广东徐闻	9~10	990 1008	热带风暴
7			Ruby	11 月 12 日	广东海丰 —惠东	7	1000	热带低压

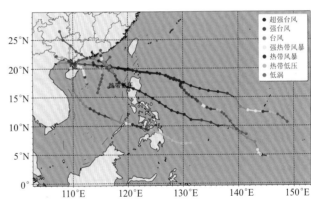

图 3-6　1954 年登陆及严重影响广东的热带气旋路径图

　　注:广东海康县,现为广东雷州市。序号 2 热带低压北行至广东近海后减弱消失。序号 4 热带气旋于 8 月 30 日 02 时登陆,根据 CMA 最佳路径数据集,当时底层中心附近最大风速 45 米·秒$^{-1}$。

•1955 年

　　1955 年,登陆广东的热带气旋有 3 个,严重影响的热带气旋有 2 个(表 3-13,表 3-14,图 3-7)。

表 3-13　1955 年总体情况一览表

前冬 ENSO 事件	事件强度	事件类型	初旋日期	终旋日期	登陆及严重影响广东个数	进入南海及南海生成个数	西太及南海生成个数
冷	中等	东部型	6 月 5 日	9 月 25 日	5	6	29

表 3-14　1955 年登陆及严重影响广东的热带气旋纪要表

序号	中央气象台编号	名称 中文	名称 英文	登陆(影响)日期	登陆情况 地点	登陆情况 风力/级	登陆情况 气压/百帕	等级
1			Billie	6 月 5 日	广东台山	10	990	强热带风暴
2	△			7 月 11 日	广东台山	5	996	
3			Iris	8 月 24 日 (8 月 25 日)	福建厦门 —漳浦	8	990	热带低压
4	△			9 月 15 日	广东电白 —吴川	5	1000	
5			Kate	9 月 25 日 (9 月 25 日)	海南琼海	12	958	台风

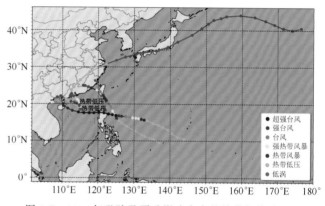

图 3-7　1955 年登陆及严重影响广东的热带气旋路径图

· 1956 年

1956 年,登陆广东的热带气旋有 1 个,严重影响的热带气旋有 5 个(表 3-15,表 3-16,图 3-8)。

表 3-15　1956 年总体情况一览表

前冬 ENSO 事件	事件强度	事件类型	初旋日期	终旋日期	登陆及严重影响广东个数	进入南海及南海生成个数	西太及南海生成个数
冷	中等	东部型	6 月 30 日	9 月 29 日	6	9	24

表 3-16　1956 年登陆及严重影响广东的热带气旋纪要表

序号	中央气象台编号	名称 中文	名称 英文	登陆(影响)日期	登陆情况 地点	登陆情况 风力/级	登陆情况 气压/百帕	等级
1				6 月 30 日	广东海丰	8	1000	热带低压
2			Vera	7 月 8 日 (7 月 8 日)	海南琼海	11	978	强热带风暴
3	△			8 月 6 日 (8 月 6 日)	海南琼海	5	998	
4	△			8 月 27 日 (8 月 27 日)	海南文昌	5	1002	
5			Freda	9 月 18 日 (9 月 19 日)	福建厦门	10	991	强热带风暴
6	△			9 月 29 日 (9 月 29 日)	海南文昌	7	1005	热带低压

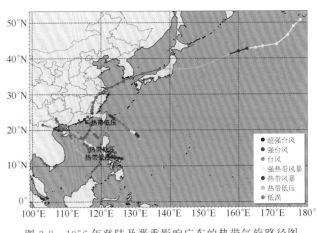

图 3-8　1956 年登陆及严重影响广东的热带气旋路径图

• 1957 年

1957 年,登陆广东的热带气旋有 5 个,无严重影响的热带气旋(表 3-17,表 3-18,图 3-9)。

表 3-17　1957 年总体情况一览表

前冬 ENSO 事件	事件强度	事件类型	初旋日期	终旋日期	登陆及严重影响广东个数	进入南海及南海生成个数	西太及南海生成个数
-	-	-	7 月 16 日	10 月 15 日	5	6	22

表 3-18　1957 年登陆及严重影响广东的热带气旋纪要表

序号	中央气象台编号	名称 中文	名称 英文	登陆(影响)日期	登陆情况 地点	登陆情况 风力/级	登陆情况 气压/百帕	登陆情况 等级
1			Wendy	7 月 16 日	广东惠阳—宝安	11	986	强热带风暴
2				8 月 20 日	广东阳江	8	988	热带风暴
3			Carmen	9 月 15 日	福建诏安—广东饶平	12	983	台风
4			Gloria	9 月 22 日	澳门	12	970	台风
5				10 月 15 日	广东台山	6	1000	热带低压

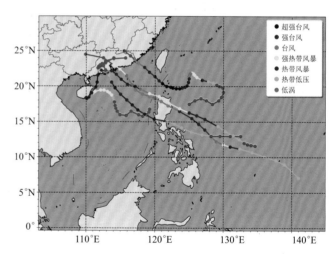

图 3-9　1957 年登陆及严重影响广东的热带气旋路径图

• 1958 年

1958 年,登陆广东的热带气旋有 3 个,严重影响的热带气旋有 4 个(表 3-19,表 3-20,图 3-10)。

表 3-19　1958 年总体情况一览表

前冬 ENSO 事件	事件强度	事件类型	初旋日期	终旋日期	登陆及严重影响广东个数	进入南海及南海生成个数	西太及南海生成个数
暖	中等	东部型	6 月 1 日	9 月 30 日	7	8	33

表 3-20　1958 年登陆及严重影响广东的热带气旋纪要表

序号	中央气象台编号	名称中文	名称英文	登陆(影响)日期	地点	风力/级	气压/百帕	等级
1				6 月 2 日 (6 月 1 日)	海南海口—文昌	8	990	热带风暴
2			Winnie	7 月 16 日 (7 月 16 日)	福建厦门—同安	11	980	强热带风暴
3				7 月 24 日 (7 月 22 日)	福建厦门	8	994	热带风暴
4				8 月 8 日	广东阳江	10	990	强热带风暴
5				9 月 2 日	广东珠海	7	994	热带低压
6				9 月 11 日 (9 月 12 日)	海南万宁	10	975	强热带风暴
7				9 月 30 日	广东海康	<5	1007	

注:广东海康县,现为广东雷州市。

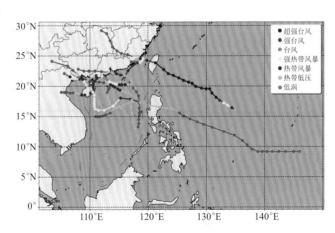

图 3-10　1958 年登陆及严重影响广东的热带气旋路径图

· 1959 年

　　1959 年,登陆广东的热带气旋有 3 个,严重影响的热带气旋有 3 个(表 3-21,表 3-22,图 3-11)。

表 3-21　1959 年总体情况一览表

前冬 ENSO 事件	事件强度	事件类型	初旋日期	终旋日期	登陆及严重影响广东个数	进入南海及南海生成个数	西太及南海生成个数
-	-	-	7 月 6 日	9 月 11 日	6	9	26

表 3-22　1959 年登陆及严重影响广东的热带气旋纪要表

| 序号 | 中央气象台编号 | 名称 | | 登陆(影响)日期 | 登陆情况 | | | |
		中文	英文		地点	风力/级	气压/百帕	等级
1			Wilda	7 月 6 日	广东惠来	8	998	热带低压
2	△			7 月 29 日 (7 月 29 日)	海南万宁	5	1000	
3	△		Hope	8 月 19 日 (8 月 19 日)	海南文昌	<5	1000	
4	5903		Iris	8 月 23 日 (8 月 23 日)	福建厦门 —漳浦	12	977	台风
5	△		Marge	9 月 3 日	广东湛江 —海康	<5	1003	
6	5906		Nora	9 月 11 日	*广东海丰	10	985	强热带风暴

　　注:广东海康县,现为广东雷州市。

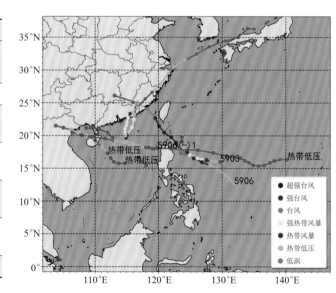

图 3-11　1959 年登陆及严重影响广东的热带气旋路径图
注:5906(-)1 为 5906 号热带气旋的副中心,在菲律宾以西洋面生成。

• 1960 年

1960 年,登陆广东的热带气旋有 5 个,严重影响的热带气旋有 3 个(表 3-23,表 3-24,图 3-12)。

表 3-23　1960 年总体情况一览表

前冬 ENSO 事件	事件强度	事件类型	初旋日期	终旋日期	登陆及严重影响广东个数	进入南海及南海生成个数	西太及南海生成个数
-	-	-	6 月 9 日	10 月 11 日	8	11	31

表 3-24　1960 年登陆及严重影响广东的热带气旋纪要表

序号	中央气象台编号	名称		登陆(影响)日期	登陆情况			
		中文	英文		地点	风力/级	气压/百帕	等级
1	6001		Mary	6 月 9 日	香港	12	970	台风
2	6003		Olive	6 月 30 日	广东吴川	11	980	强热带风暴
3	△6006			8 月 2 日	广东阳江	6	996	热带低压
4	6008		Trix	8 月 9 日 (8 月 9 日)	福建漳浦	10	980	强热带风暴
5	6012		Agnes	8 月 15 日	广东陆丰	5	996	
6	6016		Elaine	8 月 25 日	广东汕头—澄海	5	998	
7	△6022			9 月 26 日 (9 月 26 日)	海南琼海—文昌	6	998	热带低压
8	6024		Kit	10 月 11 日 (10 月 11 日)	海南琼海—文昌	12	980	台风

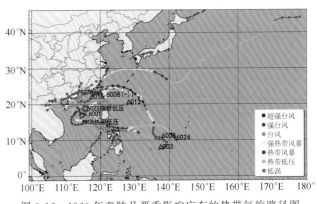

图 3-12　1960 年登陆及严重影响广东的热带气旋路径图

注:6008(-)1 为 6008 号热带气旋的副中心,在台湾以东洋面生成。

· 1961 年

1961 年,登陆广东的热带气旋有 7 个,严重影响的热带气旋有 3 个(表 3-25,表 3-26,图 3-13)。

表 3-25　1961 年总体情况一览表

前冬 ENSO 事件	事件强度	事件类型	初旋日期	终旋日期	登陆及严重影响广东个数	进入南海及南海生成个数	西太及南海生成个数
-	-	-	5 月 19 日	9 月 29 日	10	13	33

表 3-26　1961 年登陆及严重影响广东的热带气旋纪要表

序号	中央气象台编号	名称		登陆(影响)日期	登陆情况			
		中文	英文		地点	风力/级	气压/百帕	等级
1	6103		Alice	5 月 19 日	香港	12	978	台风
2	6109		Doris	7 月 2 日	广东汕头	8	986	热带风暴
3	6110		Elsie	7 月 15 日	广东汕头	8	990	热带风暴
4	6111		Flossie	7 月 19 日	香港	7	995	热带低压
5	6115		June	8 月 8 日 (8 月 8 日)	福建晋江	7	1000	热带低压
6	6120		Lorna	8 月 26 日 (8 月 26 日)	福建厦门—漳浦	10	980	强热带风暴
7				8 月 31 日	广东珠海	8	996	热带风暴
8	6121		Olga	9 月 10 日	广东海丰—惠东	12	980	台风
9	6122		Pamela	9 月 12 日 (9 月 12 日)	福建晋江	12	970	台风
10	6125		Sally	9 月 29 日	广东宝安	10	988	强热带风暴

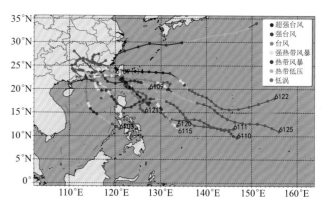

图 3-13　1961 年登陆及严重影响广东的热带气旋路径图
注:6109(-)1 为 6109 号热带气旋的副中心,在台湾境内生成。

•1962 年

1962 年,登陆广东的热带气旋有 2 个,严重影响的热带气旋有 2 个(含 1 个热带低压)(表 3-27,表 3-28,图 3-14)。

表 3-27　1962 年总体情况一览表

前冬 ENSO 事件	事件强度	事件类型	初旋日期	终旋日期	登陆及严重影响广东个数	进入南海及南海生成个数	西太及南海生成个数
-	-	-	5 月 25 日	10 月 3 日	4	11	32

表 3-28　1962 年登陆及严重影响广东的热带气旋纪要表

序号	中央气象台编号	名称		登陆(影响)日期	登陆情况			
		中文	英文		地点	风力/级	气压/百帕	等级
1	△			5 月 25 日 (5 月 25 日)	广西钦州—北海	＜5	1002	
2	6209		Patsy	8 月 10 日 (8 月 11 日)	海南文昌	12	975	台风
3	6213		Wanda	9 月 1 日	香港	12	960	台风
4	6217		Dinah	10 月 3 日	广东惠来—陆丰	12	978	台风

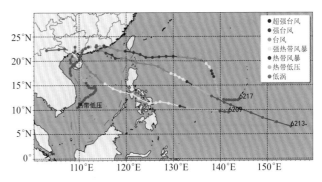

图 3-14　1962 年登陆及严重影响广东的热带气旋路径图

• 1963 年

1963 年,登陆广东的热带气旋有 4 个,严重影响的热带气旋有 2 个(表 3-29,表 3-30,图 3-15)。

表 3-29　1963 年总体情况一览表

前冬 ENSO 事件	事件强度	事件类型	初旋日期	终旋日期	登陆及严重影响广东个数	进入南海及南海生成个数	西太及南海生成个数
-	-	-	7 月 1 日	9 月 14 日	6	7	26

表 3-30　1963 年登陆及严重影响广东的热带气旋纪要表

| 序号 | 中央气象台编号 | 名称 | | 登陆情况 | | | | |
		中文	英文	登陆(影响)日期	地点	风力/级	气压/百帕	等级
1	6304		Trix	7 月 1 日	广东澄海	12	980	台风
2	6307		Agnes	7 月 22 日	广东吴川	11	983	强热带风暴
3	6317			8 月 1 日	广东徐闻	7	998	热带低压
4	6309		Carmen	8 月 16 日	广东徐闻	12	972	台风
5	6311		Faye	9 月 7 日 (9 月 8 日)	海南文昌—海口	12	965	台风
6	6312		Gloria	9 月 12 日 (9 月 14 日)	福建连江	11	982	强热带风暴

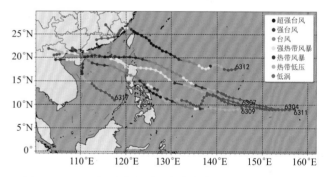

图 3-15　1963 年登陆及严重影响广东的热带气旋路径图

• 1964 年

1964 年,登陆广东的热带气旋有 6 个,严重影响的热带气旋有 1 个(表 3-31,表 3-32,图 3-16)。

表 3-31 1964 年总体情况一览表

前冬 ENSO 事件	事件强度	事件类型	初旋日期	终旋日期	登陆及严重影响广东个数	进入南海及南海生成个数	西太及南海生成个数
暖	弱	东部型	5 月 28 日	10 月 13 日	7	20	36

表 3-32 1964 年登陆及严重影响广东的热带气旋纪要表

序号	中央气象台编号	名称 中文	名称 英文	登陆(影响)日期	登陆情况 地点	风力/级	气压/百帕	等级
1	6402		Viola	5 月 28 日	广东斗门	11	982	强热带风暴
2	6403		Winnie	7 月 2 日 (7 月 2 日)	海南琼海	12	955	台风
3	6411		Ida	8 月 9 日	澳门	12	972	台风
4	6412		June	8 月 14 日	广东徐闻	6	999	热带低压
5	6415		Ruby	9 月 5 日	广东珠海	12	960	台风
6	6416		Sally	9 月 10 日	广东宝安	12	970	台风
7	6423		Dot	10 月 13 日	广东宝安	12	978	台风

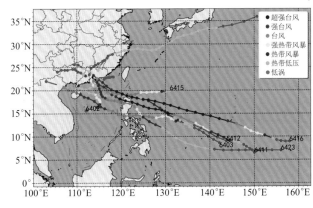

图 3-16 1964 年登陆及严重影响广东的热带气旋路径图

· 1965 年

1965 年,登陆广东的热带气旋有 4 个,严重影响的热带气旋有 3 个(表 3-33,表 3-34,图 3-17)。

表 3-33　1965 年总体情况一览表

前冬 ENSO 事件	事件强度	事件类型	初旋日期	终旋日期	登陆及严重影响广东个数	进入南海及南海生成个数	西太及南海生成个数
冷	弱	东部型	6 月 4 日	11 月 13 日	7	11	33

表 3-34　1965 年登陆及严重影响广东的热带气旋纪要表

序号	中央气象台编号	名称		登陆情况				
		中文	英文	登陆(影响)日期	地点	风力/级	气压/百帕	等级
1	6505		Babe	(6 月 4 日)				
2	△			6 月 11 日 (6 月 11 日)	海南万宁—琼海	6	1001	热带低压
3	6508		Freda	7 月 15 日	广东海康—湛江	12	968	台风
4	6509		Gilda	7 月 23 日	广东阳江	8	990	热带风暴
5	6517		Rose	9 月 5 日	广东电白—吴川	10	986	强热带风暴
6	6521		Agnes	9 月 27 日	广东阳江—电白	8~9	988	热带风暴
7	6522		Elaine	11 月 13 日 (11 月 13 日)	海南文昌	6	1006	热带低压

注:广东海康县,现为广东雷州市。6505 号热带气旋北上至广东近海岸线东行,随后移入台湾海峡后变性。

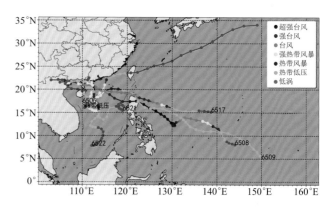

图 3-17　1965 年登陆及严重影响广东的热带气旋路径图

• 1966 年

1966 年,登陆广东的热带气旋有 3 个,严重影响的热带气旋有 1 个(表 3-35,表 3-36,图 3-18)。

表 3-35　1966 年总体情况一览表

前冬 ENSO 事件	事件强度	事件类型	初旋日期	终旋日期	登陆及严重影响广东个数	进入南海及南海生成个数	西太及南海生成个数
暖	中等	东部型	7 月 13 日	9 月 4 日	4	11	35

表 3-36　1966 年登陆及严重影响广东的热带气旋纪要表

序号	中央气象台编号	名称		登陆(影响)日期	登陆情况			
		中文	英文		地点	风力/级	气压/百帕	等级
1	6605		Lola	7 月 13 日	广东珠海	10	988	强热带风暴
2	6606		Mamie	7 月 17 日	广东台山—阳江	8	997	热带风暴
3	6608		Ora	7 月 26 日	广东海康—徐闻	12	970	台风
4	6614		Alice	9 月 3 日(9 月 4 日)	福建罗源	12	965	台风

注:广东海康县,现为广东雷州市。

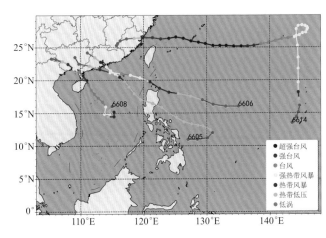

图 3-18　1966 年登陆及严重影响广东的热带气旋路径图

• 1967 年

1967 年,登陆广东的热带气旋有 7 个,严重影响的热带气旋有 1 个(表 3-37,表 3-38,图 3-19)。

表 3-37　1967 年总体情况一览表

前冬 ENSO 事件	事件强度	事件类型	初旋日期	终旋日期	登陆及严重影响广东个数	进入南海及南海生成个数	西太及南海生成个数
-	-	-	6 月 30 日	11 月 8 日	8	11	42

表 3-38　1967 年登陆及严重影响广东的热带气旋纪要表

序号	中央气象台编号	名称 中文	名称 英文	登陆(影响)日期	登陆情况 地点	风力/级	气压/百帕	等级
1	6702		Anita	6 月 30 日	广东潮阳	12	975	台风
2	6706		Fran	8 月 2 日	广东电白—吴川	12	970	台风
3	△6709			8 月 11 日	广东斗门	<5	997	
4	6710		Iris	8 月 17 日	广东阳江	7	992	热带低压
5	6711		Kate	8 月 21 日	广东斗门—台山	9～10	980	热带风暴
6	6714		Nora	8 月 30 日 (8 月 30 日)	福建漳浦	7	992	热带低压
7	6718		Carla	10 月 19 日	广东徐闻	9	995	热带风暴
8	6720		Emma	11 月 8 日	广东湛江—海康	9～10	982	热带风暴

注:广东海康县,现为广东雷州市。

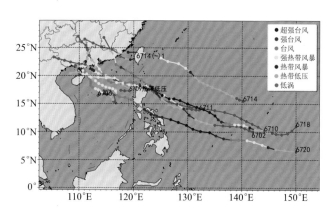

图 3-19　1967 年登陆及严重影响广东的热带气旋路径图
注:6714(-)1 为 6714 号热带气旋的副中心,在台湾境内生成。

• 1968 年

1968 年,登陆广东的热带气旋有 3 个,严重影响的热带气旋有 2 个(表 3-39,表 3-40,图 3-20)。

表 3-39　1968 年总体情况一览表

前冬 ENSO 事件	事件强度	事件类型	初旋日期	终旋日期	登陆及严重影响广东个数	进入南海及南海生成个数	西太及南海生成个数
-	-	-	8 月 6 日	10 月 1 日	5	11	30

表 3-40　1968 年登陆及严重影响广东的热带气旋纪要表

序号	中央气象台编号	名称 中文	名称 英文	登陆(影响)日期	登陆情况 地点	登陆情况 风力/级	登陆情况 气压/百帕	等级
1	△			8 月 5 日 (8 月 6 日)	海南崖县	<5	1002	
2	6808		Shirley	8 月 21 日	香港	12	965	台风
3	6811		Wendy	9 月 9 日	广东湛江—海康	12	965	台风
4	6810		Bess	9 月 10 日 (9 月 10 日)	海南文昌	5	1000	
5	6814		Elaine	10 月 1 日	广东惠来	10	985	强热带风暴

注:广东海康县,现为广东雷州市。海南崖县,现为海南三亚市。

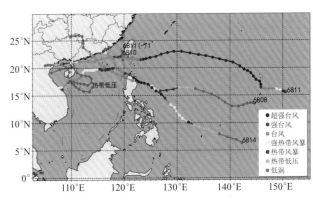

图 3-20　1968 年登陆及严重影响广东的热带气旋路径图
注:6811(-)1 为 6811 号热带气旋的副中心,在台湾以西洋面生成。

• 1969 年

1969 年,登陆广东的热带气旋有 1 个,严重影响的热带气旋有 1 个(表 3-41,表 3-42,图 3-21)。

表 3-41 1969 年总体情况一览表

前冬 ENSO 事件	事件强度	事件类型	初旋日期	终旋日期	登陆及严重影响广东个数	进入南海及南海生成个数	西太及南海生成个数
暖	弱	中部型	7 月 28 日	9 月 27 日	2	6	22

表 3-42 1969 年登陆及严重影响广东的热带气旋纪要表

序号	中央气象台编号	名称		登陆情况				
		中文	英文	登陆(影响)日期	地点	风力/级	气压/百帕	等级
1	6903		Viola	7 月 28 日	广东惠来	12	936	台风
2	6911		Elsie	9 月 27 日 (9 月 27 日)	福建晋江	11	965	强热带风暴

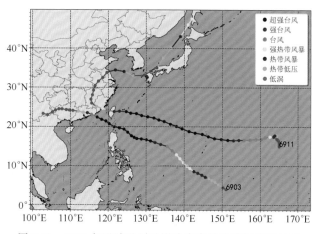

图 3-21 1969 年登陆及严重影响广东的热带气旋路径图

• 1970 年

1970 年,登陆广东的热带气旋有 5 个,严重影响的热带气旋有 1 个(表 3-43,表 3-44,图 3-22)。

表 3-43　1970 年总体情况一览表

前冬 ENSO 事件	事件强度	事件类型	初旋日期	终旋日期	登陆及严重影响广东个数	进入南海及南海生成个数	西太及南海生成个数
暖	弱	中部型	7 月 16 日	10 月 17 日	6	14	29

表 3-44　1970 年登陆及严重影响广东的热带气旋纪要表

序号	中央气象台编号	名称 中文	名称 英文	登陆(影响)日期	登陆情况 地点	登陆情况 风力/级	登陆情况 气压/百帕	等级
1	7003		Ruby	7 月 16 日	广东惠东	8	990	热带风暴
2	7004			8 月 3 日	广东宝安—惠阳	8	993	热带风暴
3	7005		Violet	8 月 9 日	广东台山	7	1000	热带低压
4	7010		Fran	9 月 8 日(9 月 9 日)	福建莆田	7	990	热带低压
5	7011		Georgia	9 月 14 日	广东海丰	9	978	热带风暴
6	7013		Joan	10 月 17 日	广东徐闻	9	986	热带风暴

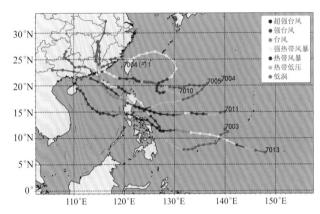

图 3-22　1970 年登陆及严重影响广东的热带气旋路径图
注:7004(-)1 为 7004 号热带气旋的副中心,在台湾以西洋面生成。

· 1971 年

1971 年,登陆广东的热带气旋有 4 个,严重影响的热带气旋有 4 个(表 3-45,表 3-46,图 3-23)。

表 3-45　1971 年总体情况一览表

前冬 ENSO 事件	事件强度	事件类型	初旋日期	终旋日期	登陆及严重影响广东个数	进入南海及南海生成个数	西太及南海生成个数
冷	中等	东部型	5 月 4 日	9 月 20 日	8	16	39

表 3-46　1971 年登陆及严重影响广东的热带气旋纪要表

序号	中央气象台编号	名称 中文	名称 英文	登陆(影响)日期	登陆情况 地点	风力/级	气压/百帕	等级
1	7102		Wanda	5 月 3 日 (5 月 4 日)	海南乐东 —崖县	8	995	热带风暴
2	7106		Dinah	5 月 29 日 (5 月 29 日)	海南万宁	10	991	强热带风暴
3	7108		Freda	6 月 18 日	广东珠海	10	982	强热带风暴
4	7109		Gilda	6 月 28 日	广东徐闻	12	972	台风
5	7114		Lucy	7 月 22 日	广东惠东	11	968	强热带风暴
6	7115		Nadine	7 月 26 日 (7 月 27 日)	福建晋江	6	980	热带低压
7	7118		Rose	8 月 17 日	广东番禺	11	984	强热带风暴
8	7122		Agnes	9 月 19 日 (9 月 20 日)	福建惠安	9	992	热带风暴

注:海南崖县,现海南三亚市。

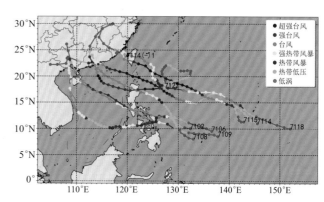

图 3-23　1971 年登陆及严重影响广东的热带气旋路径图
注:7114(-)1 为 7114 号热带气旋的副中心,在台湾以西洋面生成。

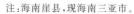

· 1972 年

1972 年,登陆广东的热带气旋有 2 个,严重影响的热带气旋有 3 个(含 1 个热带低压)(表 3-47,表 3-48,图 3-24)。

表 3-47　1972 年总体情况一览表

前冬 ENSO 事件	事件强度	事件类型	初旋日期	终旋日期	登陆及严重影响广东个数	进入南海及南海生成个数	西太及南海生成个数
冷	中等	东部型	6 月 12 日	11 月 8 日	5	10	31

表 3-48　1972 年登陆及严重影响广东的热带气旋纪要表

序号	中央气象台编号	名称 中文	名称 英文	登陆(影响)日期	登陆情况 地点	登陆情况 风力/级	登陆情况 气压/百帕	等级
1	△			(6 月 12 日)				
2	7202		Ora	6 月 27 日	广东电白	8	995	热带风暴
3	7204		Susan	7 月 15 日 (7 月 13 日)	福建惠安 —莆田	7	990	热带低压
4	7210		Cora	8 月 28 日 (8 月 28 日)	海南文昌	11	970	强热带风暴
5	7220		Pamela	11 月 8 日	广东电白	11	967	强热带风暴

注:序号 1 热带低压沿广东近海向东北方向移动,进入台湾海峡后减弱消失。

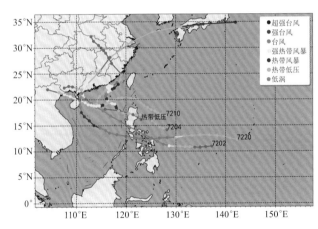

图 3-24　1972 年登陆及严重影响广东的热带气旋路径图

·1973 年

1973 年,登陆广东的热带气旋有 5 个,严重影响的热带气旋有 3 个(表 3-49,表 3-50,图 3-25)。

表 3-49　1973 年总体情况一览表

前冬 ENSO 事件	事件强度	事件类型	初旋日期	终旋日期	登陆及严重影响广东个数	进入南海及南海生成个数	西太及南海生成个数
暖	强	东部型	7 月 3 日	10 月 10 日	8	16	25

表 3-50　1973 年登陆及严重影响广东的热带气旋纪要表

序号	中央气象台编号	名称 中文	名称 英文	登陆(影响)日期	登陆情况 地点	风速/(米·秒⁻¹)	气压/百帕	等级
1	7301		Wilda	7 月 3 日 (7 月 3 日)	福建厦门	35	978	台风
2	7304		Dot	7 月 17 日	广东宝安	30	975	强热带风暴
3	7307		Georgia	8 月 12 日	广东电白	30	964	强热带风暴
4	7310		Joan	8 月 21 日	广东徐闻	15	995	热带低压
5	7311		Kate	8 月 25 日 (8 月 25 日)	海南文昌	30	970	强热带风暴
6	7312			8 月 30 日	广东电白	12	1002	热带低压
7	7313		Louise	9 月 6 日	广东徐闻	40	974	台风
8	7315		Nora	10 月 10 日 (10 月 10 日)	福建厦门—龙海	35	977	台风

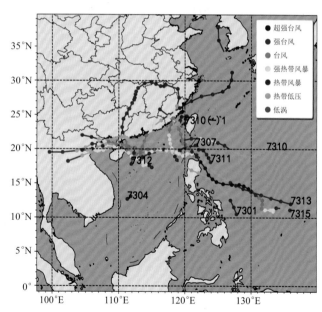

图 3-25　1973 年登陆及严重影响广东的热带气旋路径图
注:7310(-)1 为 7310 号热带气旋的副中心,在台湾以西洋面生成。

• 1974 年

1974 年,登陆广东的热带气旋有 4 个,严重影响的热带气旋有 5 个(表 3-51,表 3-52,图 3-26)。

表 3-51　1974 年总体情况一览表

前冬 ENSO 事件	事件强度	事件类型	初旋日期	终旋日期	登陆及严重影响广东个数	进入南海及南海生成个数	西太及南海生成个数
冷	中等	中部型	6 月 8 日	12 月 2 日	9	18	38

表 3-52　1974 年登陆及严重影响广东的热带气旋纪要表

序号	中央气象台编号	名称 中文	名称 英文	登陆(影响)日期	地点	风速/(米·秒⁻¹)	气压/百帕	等级
1	7405			6 月 8 日	广东阳江	20	992	热带风暴
2	7406		Dinah	6 月 13 日 (6 月 13 日)	海南文昌	30	976	强热带风暴
3	7411		Ivy	7 月 22 日	广东阳江	40	967	台风
4				(8 月 12 日)				
5	7419			9 月 6 日	广东阳江	20	990	热带风暴
6	7421		Bess	10 月 13 日 (10 月 13 日)	海南文昌	30	985	强热带风暴
7	7422		Carmen	(10 月 19 日)				
8	7426		Gloria	(11 月 9 日)				
9	7427		Irma	12 月 2 日	广东台山	20~23	998	热带风暴

注:序号 4 热带气旋在广东西部近海生成后东行,随后转向西行,登陆越南后减弱消失。7422 号热带气旋西北行至广东近海并沿海岸线西行,移至琼州海峡后减弱消失。7426 号热带气旋西北行至广东东部近海,随后转向西行并减弱消失。

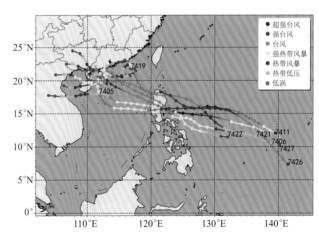

图 3-26　1974 年登陆及严重影响广东的热带气旋路径图

· 1975 年

1975 年,登陆广东的热带气旋有 3 个,严重影响的热带气旋有 5 个(表 3-53,表 3-54,图 3-27)。

表 3-53　1975 年总体情况一览表

前冬 ENSO 事件	事件强度	事件类型	初旋日期	终旋日期	登陆及严重影响广东个数	进入南海及南海生成个数	西太及南海生成个数
-	-	-	6 月 17 日	10 月 23 日	8	10	23

表 3-54　1975 年登陆及严重影响广东的热带气旋纪要表

| 序号 | 中央气象台编号 | 名称 | | 登陆(影响)日期 | 登陆情况 | | | |
		中文	英文		地点	风速/(米·秒⁻¹)	气压/百帕	等级
1	△			6 月 17 日 (6 月 17 日)	海南琼海	12	998	热带低压
2	7503		Nina	8 月 4 日 (8 月 4 日)	福建晋江	35	978	台风
3	7506			8 月 14 日	广东斗门	15	988	热带低压
4	△			8 月 25 日 (8 月 25 日)	海南文昌	10	1000	
5	7511		Betty	9 月 23 日 (9 月 23 日)	福建诏安	35	980	台风
6	7513		Doris	10 月 6 日	广东台山	35	970	台风
7	7514		Elsie	(10 月 14 日)				
8	7515		Flossie	10 月 23 日	广东吴川	30	980	强热带风暴

注:7514 号热带气旋西行至广东近海后减弱消失。

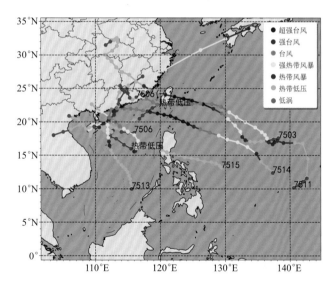

图 3-27　1975 年登陆及严重影响广东的热带气旋路径图

注:7506(-)1 为 7506 号热带气旋的副中心,在广东境内生成。

• 1976 年

1976 年,登陆广东的热带气旋有 5 个,严重影响的热带气旋有 1 个(表 3-55,表 3-56,图 3-28)。

表 3-55　1976 年总体情况一览表

前冬 ENSO 事件	事件强度	事件类型	初旋日期	终旋日期	登陆及严重影响广东个数	进入南海及南海生成个数	西太及南海生成个数
冷	中等	中部型	6 月 22 日	9 月 20 日	6	6	26

表 3-56　1976 年登陆及严重影响广东的热带气旋纪要表

序号	中央气象台编号	名称 中文	名称 英文	登陆(影响)日期	登陆情况 地点	风速/(米·秒⁻¹)	气压/百帕	等级
1	△			6 月 22 日	广东徐闻	10	1000	
2	7610		Violet	7 月 26 日	广东阳江	30	970	强热带风暴
3	7613		Billie	8 月 10 日 (8 月 11 日)	福建莆田	35	970	台风
4	7614		Clara	8 月 6 日	广东台山	30	985	强热带风暴
5	7616		Ellen	8 月 24 日	广东海丰	30	985	强热带风暴
6	7619		Iris	9 月 20 日	广东湛江	30	980	强热带风暴

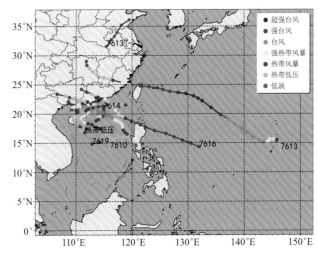

图 3-28　1976 年登陆及严重影响广东的热带气旋路径图

注:7613(-)1 为 7613 号热带气旋的副中心,在安徽境内生成。

• 1977 年

1977 年,登陆广东的热带气旋有 2 个,严重影响的热带气旋有 3 个(表 3-57,表 3-58,图 3-29)。

表 3-57 1977 年总体情况一览表

前冬 ENSO 事件	事件强度	事件类型	初旋日期	终旋日期	登陆及严重影响广东个数	进入南海及南海生成个数	西太及南海生成个数
暖	弱	东部型	6 月 16 日	9 月 25 日	5	9	24

表 3-58 1977 年登陆及严重影响广东的热带气旋纪要表

序号	中央气象台编号	名称 中文	名称 英文	登陆情况 登陆(影响)日期	登陆情况 地点	登陆情况 风速/(米·秒$^{-1}$)	登陆情况 气压/百帕	登陆情况 等级
1	7701		Ruth	6 月 16 日 (6 月 16 日)	福建惠安	14	998	热带低压
2	7702			7 月 6 日	广东吴川	12	997	热带低压
3	7703		Sarah	7 月 20 日 (7 月 21 日)	海南琼海	32	957	强热带风暴
4	7705		Vera	8 月 1 日 (8 月 2 日)	福建惠安	32	973	强热带风暴
5	7712		Freda	9 月 25 日	广东阳江	24	990	热带风暴

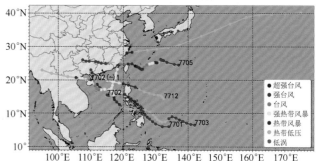

图 3-29 1977 年登陆及严重影响广东的热带气旋路径图
注:7702(-)1 为 7702 号热带气旋的副中心,在琼州海峡生成。

• 1978 年

1978 年,登陆广东的热带气旋有 3 个,严重影响的热带气旋有 3 个(表 3-59,表 3-60,图 3-30)。

表 3-59 **1978 年总体情况一览表**

前冬 ENSO 事件	事件强度	事件类型	初旋日期	终旋日期	登陆及严重影响广东个数	进入南海及南海生成个数	西太及南海生成个数
暖	弱	中部型	6 月 26 日	10 月 17 日	6	11	30

表 3-60 **1978 年登陆及严重影响广东的热带气旋纪要表**

序号	中央气象台编号	名称		登陆(影响)日期	登陆情况			
		中文	英文		地点	风速/(米·秒⁻¹)	气压/百帕	等级
1	△			6 月 26 日	广东吴川	10	995	
2	7807		Agnes	7 月 30 日	广东惠东	20	985	热带风暴
				7 月 31 日	广东饶平	10	995	
3	7811		Della	8 月 13 日 (8 月 14 日)	福建莆田	15～20	995	热带低压
4	7812		Elaine	8 月 27 日	广东吴川	32	970	强热带风暴
5	7818		Lola	10 月 1 日 (10 月 2 日)	海南琼海—文昌	28	975	强热带风暴
6	7820		Nina	(10 月 17 日)				

注:7820 号热带气旋西北行至广东近海后转向东行并减弱消失。

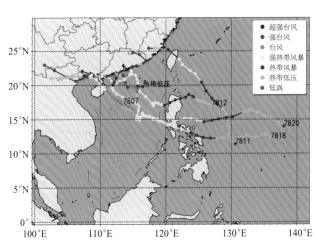

图 3-30 1978 年登陆及严重影响广东的热带气旋路径图

• 1979 年

　　1979 年,登陆广东的热带气旋有 4 个,无严重影响的热带气旋(表 3-61,表 3-62,图 3-31)。

表 3-61　1979 年总体情况一览表

前冬 ENSO 事件	事件强度	事件类型	初旋日期	终旋日期	登陆及严重影响广东个数	进入南海及南海生成个数	西太及南海生成个数
-	-	-	7 月 6 日	9 月 25 日	4	9	24

表 3-62　1979 年登陆及严重影响广东的热带气旋纪要表

序号	中央气象台编号	名称		登陆(影响)日期	登陆情况			
		中文	英文		地点	风速/(米·秒⁻¹)	气压/百帕	等级
1	7905		Ellis	7 月 6 日	广东阳江—电白	14	997	热带低压
2	7907		Gordon	7 月 29 日	广东陆丰	26	980	强热带风暴
3	7908		Hope	8 月 2 日	广东深圳	40	958	台风
4	7913		Mac	9 月 23 日 9 月 25 日	广东珠海 广东深圳	23 <10	995 1006	热带风暴

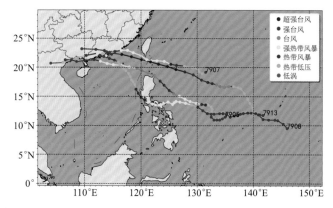

图 3-31　1979 年登陆及严重影响广东的热带气旋路径图

• 1980 年

1980 年,登陆广东的热带气旋有 6 个,严重影响的热带气旋有 3 个(含 1 个强台风)(表 3-63,表 3-64,图 3-32)。

表 3-63　1980 年总体情况一览表

前冬 ENSO 事件	事件强度	事件类型	初旋日期	终旋日期	登陆及严重影响广东个数	进入南海及南海生成个数	西太及南海生成个数
暖	弱	东部型	5 月 24 日	9 月 19 日	9	11	26

表 3-64　1980 年登陆及严重影响广东的热带气旋纪要表

序号	中央气象台编号	名称 中文	名称 英文	登陆(影响)日期	登陆情况 地点	风速/(米·秒⁻¹)	气压/百帕	等级
1	8004		Georgia	5 月 24 日	广东惠来	24	986	热带风暴
2	8005		Herbert	6 月 27 日 (6 月 27 日)	海南陵水	24	984	热带风暴
3	8006		Ida	7 月 11 日	广东汕头	24	983	热带风暴
4	8008			7 月 19 日	广东阳江	18	999	热带风暴
5	8007		Joe	7 月 22 日	广东徐闻	38	961	台风
6	8009		Kim	7 月 27 日	广东陆丰	30	989	强热带风暴
7	8011			8 月 19 日	广东电白	15	998	热带低压
8	8014		Ruth	9 月 15 日 (9 月 15 日)	海南文昌	25	979	强热带风暴
9	8015		Percy	9 月 19 日 (9 月 19 日)	福建漳浦	50	960	强台风

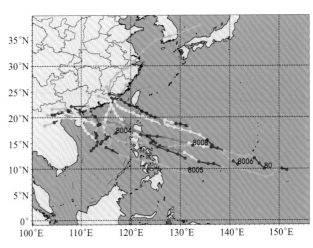

图 3-32　1980 年登陆及严重影响广东的热带气旋路径图

·1981 年

1981 年,登陆广东的热带气旋有 4 个,严重影响的热带气旋有 2 个(表 3-65,表 3-66,图 3-33)。

表 3-65　1981 年总体情况一览表

前冬 ENSO 事件	事件强度	事件类型	初旋日期	终旋日期	登陆及严重影响广东个数	进入南海及南海生成个数	西太及南海生成个数
-	-	-	7 月 7 日	11 月 23 日	6	10	30

表 3-66　1981 年登陆及严重影响广东的热带气旋纪要表

| 序号 | 中央气象台编号 | 名称 | | 登陆(影响)日期 | 登陆情况 | | | |
		中文	英文		地点	风速/(米·秒$^{-1}$)	气压/百帕	等级
1	8106		Lynn	7 月 7 日	广东台山	28	986	强热带风暴
2	8107		Maury	7 月 23 日 (7 月 21 日)	广西北海	12	994	热带低压
3	8116		Clara	9 月 22 日	广东陆丰	32.5	960	强热带风暴
4	△			9 月 24 日	广东海丰—惠东	12	1002	热带低压
5	△			10 月 5 日 10 月 5 日	广东徐闻 广东海康	12 11	1004 1004	热带低压 热带低压
6	8120		Hazen	11 月 22 日 (11 月 23 日)	海南陵水—崖县	22	1002	热带风暴

注:广东海康县,现为广东雷州市。海南崖县,现为海南三亚市。

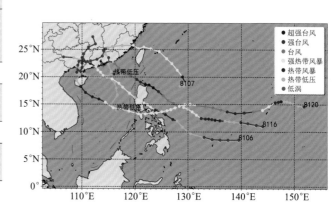

图 3-33　1981 年登陆及严重影响广东的热带气旋路径图

• 1982 年

1982 年,登陆广东的热带气旋有 2 个,严重影响的热带气旋有 2 个(表 3-67,表 3-68,图 3-34)。

表 3-67 1982 年总体情况一览表

前冬 ENSO 事件	事件强度	事件类型	初旋日期	终旋日期	登陆及严重影响广东个数	进入南海及南海生成个数	西太及南海生成个数
-			6 月 30 日	9 月 15 日	4	9	27

表 3-68 1982 年登陆及严重影响广东的热带气旋纪要表

序号	中央气象台编号	名称 中文	名称 英文	登陆(影响)日期	登陆情况 地点	风速/(米·秒⁻¹)	气压/百帕	等级
1	8205		Tess	(6 月 30 日)				
2	8208		Winona	7 月 17 日	广东海康	20	992	热带风暴
3	8212		Dot	8 月 15 日 (8 月 15 日)	福建漳浦	18	995	热带风暴
4	8217		Irving	9 月 15 日	广东徐闻	32	962	强热带风暴

注:广东海康县,现为广东雷州市。8205 号热带气旋在南海回旋,随后沿广东近海东行并减弱消失。

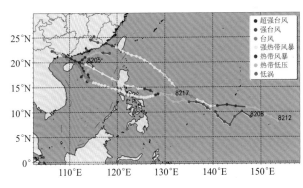

图 3-34 1982 年登陆及严重影响广东的热带气旋路径图

• 1983 年

　　1983 年,登陆广东的热带气旋有 3 个,严重影响的热带气旋有 3 个(表 3-69,表 3-70,图 3-35)。

表 3-69　1983 年总体情况一览表

前冬 ENSO 事件	事件强度	事件类型	初旋日期	终旋日期	登陆及严重影响广东个数	进入南海及南海生成个数	西太及南海生成个数
暖	超强	东部型	7 月 13 日	10 月 13 日	6	12	23

表 3-70　1983 年登陆及严重影响广东的热带气旋纪要表

序号	中央气象台编号	名称 中文	名称 英文	登陆(影响)日期	登陆情况 地点	风速/(米·秒⁻¹)	气压/百帕	等级
1	8302		Tip	7 月 13 日	广东徐闻	15	998	热带低压
2	8303		Vera	7 月 17 日 (7 月 17 日)	海南文昌	33	967	台风
3	8304		Wayne	7 月 25 日 (7 月 25 日)	福建漳浦	40	950	台风
4	8309		Ellen	9 月 9 日	广东珠海	40	970	台风
5	8311		Georgia	9 月 30 日 (9 月 30 日)	海南文昌	25	980	强热带风暴
6	8314		Joe	10 月 13 日	广东台山	30	986	强热带风暴

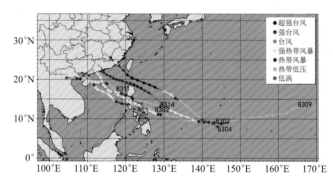

图 3-35　1983 年登陆及严重影响广东的热带气旋路径图

• 1984 年

1984 年,登陆广东的热带气旋有 5 个,严重影响的热带气旋有 1 个(表 3-71,表 3-72,图 3-36)。

表 3-71　1984 年总体情况一览表

前冬 ENSO 事件	事件强度	事件类型	初旋日期	终旋日期	登陆及严重影响广东个数	进入南海及南海生成个数	西太及南海生成个数
-	-	-	6 月 25 日	9 月 5 日	6	9	28

表 3-72　1984 年登陆及严重影响广东的热带气旋纪要表

序号	中央气象台编号	名称 中文	名称 英文	登陆(影响)日期	登陆情况 地点	风速/(米·秒⁻¹)	气压/百帕	等级
1	8402		Wynne	6 月 25 日	广东电白—吴川	30	970	强热带风暴
2	8404		Betty	7 月 9 日	广东阳江	27.5	982	强热带风暴
3	△			8 月 10 日 (8 月 11 日)	海南琼海	12	1000	热带低压
4	8408		Gerald	8 月 21 日	广东深圳	15	990	热带低压
5	8411		June	8 月 31 日	广东惠来	20	984	热带风暴
6	8410		Ike	9 月 5 日	广东徐闻	30	970	强热带风暴

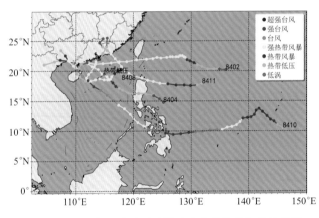

图 3-36　1984 年登陆及严重影响广东的热带气旋路径图

·1985 年

1985 年,登陆广东的热带气旋有 6 个,严重影响的热带气旋有 3 个(含 1 个强台风)(表 3-73,表 3-74,图 3-37)。

表 3-73　1985 年总体情况一览表

前冬 ENSO 事件	事件强度	事件类型	初旋日期	终旋日期	登陆及严重影响广东个数	进入南海及南海生成个数	西太及南海生成个数
冷	弱	东部型	6 月 24 日	9 月 22 日	9	12	29

表 3-74　1985 年登陆及严重影响广东的热带气旋纪要表

序号	中央气象台编号	名称 中文	名称 英文	登陆(影响)日期	登陆情况 地点	风速/(米·秒⁻¹)	气压/百帕	等级
1	8504		Hal	6 月 24 日	广东海丰	28	975	强热带风暴
2	△			(6 月 28 日)				
3	△			7 月 8 日	广东陆丰	10	998	
4	△			8 月 14 日	广东台山—阳江	10	995	
5	8510		Nelson	8 月 23 日 (8 月 24 日)	福建长乐	45	970	强台风
6				8 月 20 日	广东汕头	10	998	热带风暴
				8 月 26 日	广东遂溪	20	980	
7	8515		Tess	9 月 6 日	广东台山—阳江	32	965	强热带风暴
8	8516		Val	(9 月 18 日)				
9	8517		Winona	9 月 22 日	广东湛江	25	980	强热带风暴

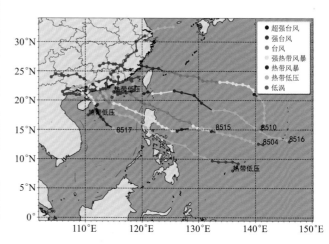

图 3-37　1985 年登陆及严重影响广东的热带气旋路径图

注:序号 2 热带低压在广东近海生成后在附近海域回旋,随后向北行至福建近海后减弱消失。8516 号热带气旋西北行至福建近海后减弱消失。

•1986年

　　1986年,登陆广东的热带气旋有5个,严重影响的热带气旋有2个(表3-75,表3-76,图3-38)。

表3-75　1986年总体情况一览表

前冬ENSO事件	事件强度	事件类型	初旋日期	终旋日期	登陆及严重影响广东个数	进入南海及南海生成个数	西太及南海生成个数
-	-	-	5月20日	10月19日	7	12	32

表3-76　1986年登陆及严重影响广东的热带气旋纪要表

序号	中央气象台编号	名称中文	名称英文	登陆(影响)日期	登陆情况地点	风速/(米·秒⁻¹)	气压/百帕	等级
1	8604		Mac	5月19日(5月20日)	海南三亚	10	996	
2	△			6月25日	广东惠东—深圳	10	996	
3	8607		Peggy	7月11日	广东海丰—陆丰	30	978	强热带风暴
4	8609			7月20日	广东徐闻	20	996	热带风暴
5	8613			8月11日(8月11日)	海南陵水—万宁	12	995	热带低压
6	8616		Wayne	9月5日	广东徐闻	38	963	台风
7	8621		Ellen	10月19日	广东湛江	20	992	热带风暴

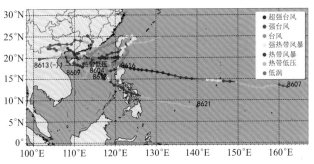

图3-38　1986年登陆及严重影响广东的热带气旋路径图
注:8613(-)1为8613号热带气旋的副中心,在海南以东洋面生成。

· 1987 年

1987 年,登陆广东的热带气旋有 2 个,严重影响的热带气旋有 1 个(表 3-77,表 3-78,图 3-39)。

表 3-77　1987 年总体情况一览表

前冬 ENSO 事件	事件强度	事件类型	初旋日期	终旋日期	登陆及严重影响广东个数	进入南海及南海生成个数	西太及南海生成个数
暖	中等	东部型	6 月 19 日	10 月 28 日	3	9	24

表 3-78　1987 年登陆及严重影响广东的热带气旋纪要表

序号	中央气象台编号	名称 中文	名称 英文	登陆(影响)日期	登陆情况 地点	风速/(米·秒⁻¹)	气压/百帕	等级
1	8702		Ruth	6 月 19 日	广东阳江	32	982	强热带风暴
2	8712		Gerald	9 月 10 日 (9 月 11 日)	福建晋江	30	975	强热带风暴
3	8719		Lynn	10 月 28 日	广东珠海	12	1007	热带低压

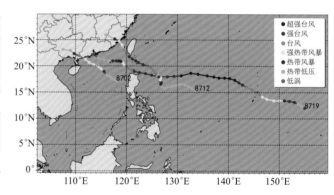

图 3-39　1987 年登陆及严重影响广东的热带气旋路径图

• 1988 年

1988 年,登陆广东的热带气旋有 4 个,严重影响的热带气旋有 1 个(表 3-79,表 3-80,图 3-40)。

表 3-79　1988 年总体情况一览表

前冬 ENSO 事件	事件强度	事件类型	初旋日期	终旋日期	登陆及严重影响广东个数	进入南海及南海生成个数	西太及南海生成个数
暖	中等	东部型	6 月 29 日	9 月 24 日	5	11	27

表 3-80　1988 年登陆及严重影响广东的热带气旋纪要表

序号	中央气象台编号	名称		登陆(影响)日期	登陆情况			
		中文	英文		地点	风速/(米·秒⁻¹)	气压/百帕	等级
1	8804		Vanessa	6 月 29 日	广东台山	16	1000	热带低压
2	8805		Warren	7 月 19 日	广东惠来	33	975	台风
3	△			8 月 2 日 (8 月 2 日)	海南文昌—琼海	12	1001	热带低压
4	8817		Kit	9 月 22 日	广东陆丰—惠来	25	980	强热带风暴
5	8819		Mamie	9 月 24 日	广东惠东—海丰	12	1000	热带低压

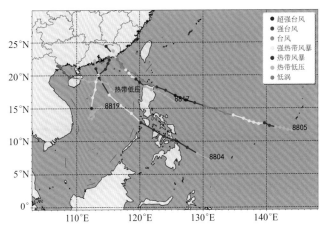

图 3-40　1988 年登陆及严重影响广东的热带气旋路径图

· 1989 年

1989 年,登陆广东的热带气旋有 2 个,严重影响的热带气旋有 2 个(表 3-81,表 3-82,图 3-41)。

表 3-81　1989 年总体情况一览表

前冬 ENSO 事件	事件强度	事件类型	初旋日期	终旋日期	登陆及严重影响广东个数	进入南海及南海生成个数	西太及南海生成个数
冷	强	东部型	5 月 20 日	8 月 11 日	4	11	33

表 3-82　1989 年登陆及严重影响广东的热带气旋纪要表

| 序号 | 中央气象台编号 | 名称 | | 登陆(影响)日期 | 登陆情况 | | | |
		中文	英文		地点	风速/(米·秒⁻¹)	气压/百帕	等级
1	8903		Brenda	5 月 20 日	广东台山	30	980	强热带风暴
2	8907		Faye	7 月 10 日 (7 月 11 日)	海南文昌	23	985	热带风暴
3	8908		Gordon	7 月 18 日	广东阳江	35	970	台风
4	△			8 月 11 日 (8 月 11 日)	海南琼海	10	1000	

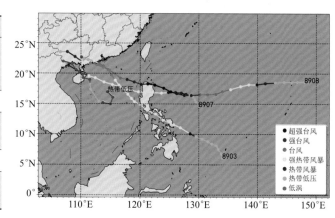

图 3-41　1989 年登陆及严重影响广东的热带气旋路径图

• 1990 年

1990年,登陆广东的热带气旋有2个,严重影响的热带气旋有3个(表3-83,表3-84,图3-42)。

表3-83　1990年总体情况一览表

前冬 ENSO 事件	事件强度	事件类型	初旋日期	终旋日期	登陆及严重影响广东个数	进入南海及南海生成个数	西太及南海生成个数
-	-	-	6 月 18 日	9 月 9 日	5	11	31

表3-84　1990年登陆及严重影响广东的热带气旋纪要表

序号	中央气象台编号	名称		登陆(影响)日期	登陆情况			
		中文	英文		地点	风速/(米·秒⁻¹)	气压/百帕	等级
1	9004		Nathan	6 月 18 日	广东海康	25	985	强热带风暴
2	9006		Percy	6 月 29 日 (6 月 29 日)	福建东山	35	975	台风
3	9009		Tasha	7 月 31 日	广东海丰—陆丰	32	970	强热带风暴
4	9012		Yancy	8 月 22 日 (8 月 23 日)	福建晋江	20	985	热带风暴
5	9018		Dot	9 月 8 日 (9 月 9 日)	*福建晋江	25	985	强热带风暴

注:广东海康县,现为广东雷州市。

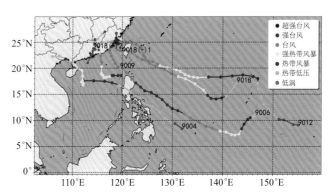

图 3-42　1990年登陆及严重影响广东的热带气旋路径图

注:9018(-)1 和 9018(-)2 为 9018 号热带气旋的第一个和第二个副中心,分别在台湾以西洋面和广东境内生成。

· 1991 年

　　1991 年,登陆广东的热带气旋有 5 个(含 1 个强台风),无严重影响的热带气旋(表 3-85,表 3-86,图 3-43)。

表 3-85　1991 年总体情况一览表

前冬 ENSO 事件	事件强度	事件类型	初旋日期	终旋日期	登陆及严重影响广东个数	进入南海及南海生成个数	西太及南海生成个数
-	-	-	7 月 19 日	10 月 1 日	5	12	29

表 3-86　1991 年登陆及严重影响广东的热带气旋纪要表

序号	中央气象台编号	名称 中文	名称 英文	登陆(影响)日期	登陆情况 地点	风速/(米·秒⁻¹)	气压/百帕	等级
1	9107		Amy	7 月 19 日	广东汕头	40	950	台风
2	9108		Brendan	7 月 24 日	广东珠海	35	975	台风
3	9111		Fred	8 月 16 日	广东徐闻	45	960	强台风
4	9116		Joel	9 月 6 日	广东汕尾	30	980	强热带风暴
5	9119		Nat	10 月 1 日	广东饶平	27	987	强热带风暴

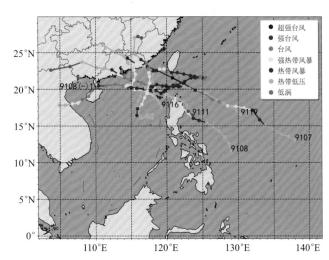

图 3-43　1991 年登陆及严重影响广东的热带气旋路径图
注:9108(-)1 为 9108 号热带气旋的副中心,在越南境内生成。

• 1992 年

1992 年,登陆广东的热带气旋有 3 个,严重影响的热带气旋有 2 个(表 3-87,表 3-88,图 3-44)。

表 3-87　1992 年总体情况一览表

前冬 ENSO 事件	事件强度	事件类型	初旋日期	终旋日期	登陆及严重影响广东个数	进入南海及南海生成个数	西太及南海生成个数
暖	中等	东部型	7 月 13 日	9 月 5 日	5	9	31

表 3-88　1992 年登陆及严重影响广东的热带气旋纪要表

序号	中央气象台编号	名称		登陆(影响)日期	登陆情况			
		中文	英文		地点	风速/(米·秒⁻¹)	气压/百帕	等级
1	9205		Eli	7 月 13 日(7 月 13 日)	海南琼海	35	970	台风
2	9206		Faye	7 月 18 日	广东珠海	20	992	热带风暴
3	9207		Gary	7 月 23 日	广东湛江	28	980	强热带风暴
4	9212		Mark	8 月 19 日	广东饶平	20	993	热带风暴
5	9215		Omar	9 月 5 日(9 月 5 日)	福建晋江	28	982	强热带风暴

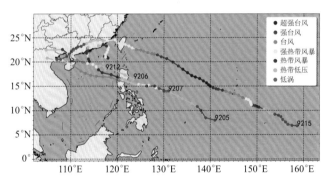

图 3-44　1992 年登陆及严重影响广东的热带气旋路径图

• 1993 年

1993 年,登陆广东的热带气旋有 7 个,无严重影响的热带气旋(表 3-89,表 3-90,图 3-45)。

表 3-89　1993 年总体情况一览表

前冬 ENSO 事件	事件强度	事件类型	初旋日期	终旋日期	登陆及严重影响广东个数	进入南海及南海生成个数	西太及南海生成个数
-	-	-	6 月 27 日	11 月 4 日	7	13	28

表 3-90　1993 年登陆及严重影响广东的热带气旋纪要表

序号	中央气象台编号	名称中文	名称英文	登陆(影响)日期	登陆情况 地点	风速/(米·秒⁻¹)	气压/百帕	等级
1	9302		Koryn	6 月 27 日	广东台山—阳江	35	970	台风
2	9309		Tasha	8 月 21 日	广东阳江	33	970	台风
3	9315		Abe	9 月 14 日	广东惠来—潮阳	36	950	台风
4	9316		Becky	9 月 17 日	广东斗门—台山	33	975	台风
5	9318		Dot	9 月 26 日	广东台山—阳江	35	975	台风
6	△			10 月 13 日	广东深圳	15	1008	热带低压
7	9323		Ira	11 月 4 日	广东阳江	22	995	热带风暴

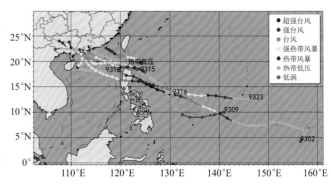

图 3-45　1993 年登陆及严重影响广东的热带气旋路径图

• 1994 年

　　1994 年，登陆广东的热带气旋有 4 个，严重影响的热带气旋有 2 个（表 3-91，表 3-92，图 3-46）。

表 3-91　1994 年总体情况一览表

前冬 ENSO 事件	事件强度	事件类型	初旋日期	终旋日期	登陆及严重影响广东个数	进入南海及南海生成个数	西太及南海生成个数
-	-	-	6 月 8 日	8 月 27 日	6	12	37

表 3-92　1994 年登陆及严重影响广东的热带气旋纪要表

| 序号 | 中央气象台编号 | 名称 | | 登陆（影响）日期 | 登陆情况 | | | |
		中文	英文		地点	风速/(米·秒⁻¹)	气压/百帕	等级
1	9403		Russ	6 月 8 日	广东徐闻	25	983	强热带风暴
2	9404		Sharon	6 月 25 日	广东阳江	15	995	热带低压
3	9405			7 月 4 日	广东电白—阳江	20	990	热带风暴
4	9411		Amy	(7 月 28 日)				
5	9413		Caitlin	8 月 4 日 (8 月 4 日)	福建龙海	18	992	热带风暴
6	9419		Harry	8 月 27 日	广东徐闻	28	985	强热带风暴

注：9411 号热带气旋东行至广东雷州半岛附近洋面后转向西行，随后登陆越南减弱消失。

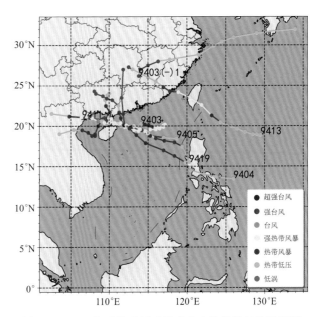

図 3-46　1994 年登陆及严重影响广东的热带气旋路径图
注：9403(-)1 为 9403 号热带气旋的副中心，在湖南境内生成。

风速/(米·秒⁻¹)

表头风速单位为 /(米·秒⁻¹)

图例：
● 超强台风
● 强台风
● 台风
● 强热带风暴
● 热带风暴
● 热带低压
● 低涡

· 1995 年

　　1995 年,登陆广东的热带气旋有 6 个,严重影响的热带气旋有 1 个(表 3-93,表 3-94,图 3-47)。

表 3-93　1995 年总体情况一览表

前冬 ENSO 事件	事件强度	事件类型	初旋日期	终旋日期	登陆及严重影响广东个数	进入南海及南海生成个数	西太及南海生成个数
暖	中等	中部型	7 月 31 日	10 月 14 日	7	13	23

表 3-94　1995 年登陆及严重影响广东的热带气旋纪要表

序号	中央气象台编号	名称 中文	名称 英文	登陆(影响)日期	登陆情况 地点	登陆情况 风速/(米·秒⁻¹)	登陆情况 气压/百帕	等级
1	9504		Gary	7 月 31 日	广东澄海	30	980	强热带风暴
2	9505		Helen	8 月 12 日	广东惠阳	30	980	强热带风暴
3	9506		Irving	8 月 20 日	广东雷州	20	993	热带风暴
4	9509		Kent	8 月 31 日	广东惠东—海丰	35	970	台风
5	9511		Nina	9 月 7 日	广东湛江—雷州	15	996	热带风暴
6	9515		Sibyl	10 月 3 日	广东阳西—电白	30	980	强热带风暴
7	9516		Ted	10 月 13 日 (10 月 14 日)	广西合浦	22	990	热带风暴

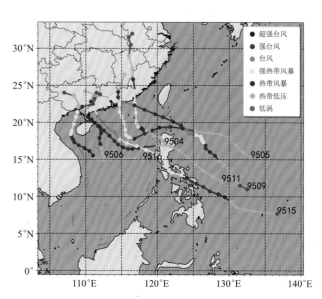

图 3-47　1995 年登陆及严重影响广东的热带气旋路径图

• 1996 年

1996 年,登陆广东的热带气旋有 2 个(含 1 个强台风),严重影响的热带气旋有 3 个(表 3-95,表 3-96,图 3-48)。

表 3-95　1996 年总体情况一览表

前冬 ENSO 事件	事件强度	事件类型	初旋日期	终旋日期	登陆及严重影响广东个数	进入南海及南海生成个数	西太及南海生成个数
冷	弱	东部型	7 月 27 日	9 月 20 日	5	10	25

表 3-96　1996 年登陆及严重影响广东的热带气旋纪要表

| 序号 | 中央气象台编号 | 名称 | | 登陆情况 | | | | |
		中文	英文	登陆(影响)日期	地点	风速/(米·秒⁻¹)	气压/百帕	等级
1	9607		Gloria	7 月 27 日 (7 月 27 日)	福建晋江	20	985	热带风暴
2	9610		Lisa	8 月 7 日 (8 月 6 日)	福建龙海	18	995	热带风暴
3	△			(8 月 12 日)				
4	9615		Sally	9 月 9 日	广东吴川—湛江	50	935	强台风
5	9618		Willie	9 月 20 日	广东徐闻	28	980	强热带风暴

注:序号 3 热带低压在广西境内生成后移入北部湾回旋,随后登陆越南减弱消失。

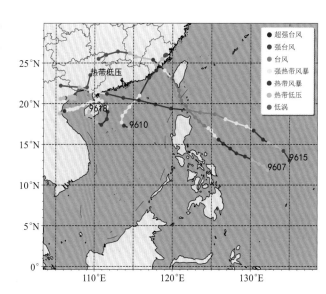

图 3-48　1996 年登陆及严重影响广东的热带气旋路径图

• 1997 年

1997 年,登陆广东的热带气旋有 2 个,无严重影响的热带气旋(表 3-97,表 3-98,图 3-49)。

表 3-97　1997 年总体情况一览表

前冬 ENSO 事件	事件强度	事件类型	初旋日期	终旋日期	登陆及严重影响广东个数	进入南海及南海生成个数	西太及南海生成个数
-	-	-	8 月 2 日	8 月 22 日	2	6	27

表 3-98　1997 年登陆及严重影响广东的热带气旋纪要表

序号	中央气象台编号	名称		登陆(影响)日期	登陆情况			
		中文	英文		地点	风速/(米·秒⁻¹)	气压/百帕	等级
1	9710		Victor	8 月 2 日	香港	30	975	强热带风暴
2	9713		Zita	8 月 22 日	广东雷州	30	975	强热带风暴

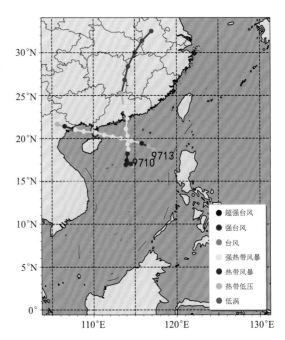

图 3-49　1997 年登陆及严重影响广东的热带气旋路径图

• 1998 年

1998 年,登陆广东的热带气旋有 2 个,严重影响的热带气旋有 2 个(表 3-99,表 3-100,图 3-50)。

表 3-99 1998 年总体情况一览表

前冬 ENSO 事件	事件强度	事件类型	初旋日期	终旋日期	登陆及严重影响广东个数	进入南海及南海生成个数	西太及南海生成个数
暖	超强	东部型	8 月 11 日	10 月 27 日	4	8	14

表 3-100 1998 年登陆及严重影响广东的热带气旋纪要表

序号	中央气象台编号	名称 中文	名称 英文	登陆(影响)日期	登陆情况 地点	登陆情况 风速/(米·秒$^{-1}$)	登陆情况 气压/百帕	登陆情况 等级
1	9803		Penny	8 月 11 日	广东阳江	25	990	强热带风暴
2	△			8 月 22 日	广东徐闻—海康	14	1002	热带低压
3	△			9 月 13 日 (9 月 13 日)	海南文昌	15	1000	热带低压
4	9810		Babs	(10 月 27 日)				

注:广东海康县,现为广东雷州市。9810 号热带气旋在南海转向东北,随后移至台湾海峡减弱消失。

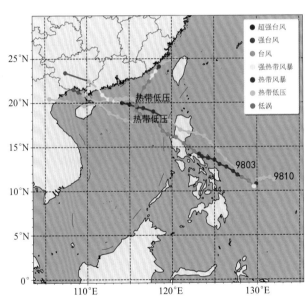

图 3-50 1998 年登陆及严重影响广东的热带气旋路径图

• 1999 年

1999 年,登陆广东的热带气旋有 6 个,严重影响的热带气旋有 2 个(表 3-101,表 3-102,图 3-51)。

表 3-101 1999 年总体情况一览表

前冬 ENSO 事件	事件强度	事件类型	初旋日期	终旋日期	登陆及严重影响广东个数	进入南海及南海生成个数	西太及南海生成个数
冷	中等	东部型	5 月 2 日	10 月 9 日	8	10	21

表 3-102 1999 年登陆及严重影响广东的热带气旋纪要表

序号	中央气象台编号	名称 中文	名称 英文	登陆(影响)日期	登陆情况 地点	风速/(米·秒⁻¹)	气压/百帕	等级
1	9902		Leo	5 月 2 日	广东惠东	15	1000	热带低压
2	9903		Maggie	6 月 6 日 6 月 7 日 6 月 7 日	广东惠来 香港 广东台山—斗门	35 25 20	970 980 985	台风 强热带风暴 热带风暴
3	9905			7 月 27 日 (7 月 27 日)	福建漳浦	15	990	热带低压
4	9908		Sam	8 月 22 日	广东深圳	30	975	强热带风暴
5	9909		Wendy	9 月 4 日	广东惠来	20	991	热带低压
6	9910		York	9 月 16 日	广东中山	30	979	强热带风暴
7	9913		Cam	9 月 26 日	香港	15	998	热带低压
8	9914		Dan	10 月 9 日 (10 月 9 日)	福建龙海	35	970	台风

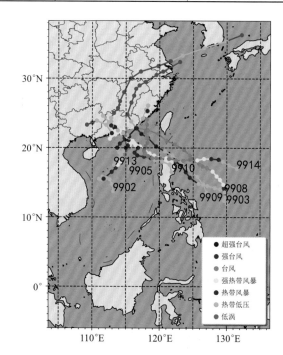

图 3-51 1999 年登陆及严重影响广东的热带气旋路径图

• 2000 年

2000 年,登陆广东的热带气旋有 3 个,严重影响的热带气旋有 1 个(表 3-103,表 3-104,图 3-52)。

表 3-103 2000 年总体情况一览表

前冬 ENSO 事件	事件强度	事件类型	初旋日期	终旋日期	登陆及严重影响广东个数	进入南海及南海生成个数	西太及南海生成个数
冷	中等	东部型	6 月 18 日	9 月 1 日	4	9	24

表 3-104 2000 年登陆及严重影响广东的热带气旋纪要表

序号	中央气象台编号	名称		登陆(影响)日期	登陆情况			
		中文	英文		地点	风速/(米·秒⁻¹)	气压/百帕	等级
1	△			6 月 18 日	香港	15	1002	热带低压
2	△			7 月 17 日	广东台山	16	995	热带低压
3	0010	碧利斯	Bilis	8 月 23 日 (8 月 24 日)	福建晋江	38	965	台风
4	0013	玛莉亚	Maria	9 月 1 日	广东惠东—海丰	28	980	强热带风暴

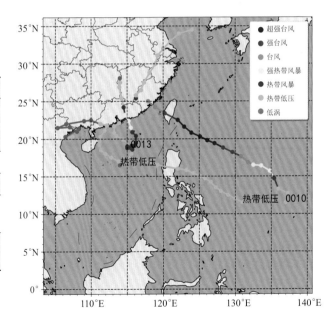

图 3-52 2000 年登陆及严重影响广东的热带气旋路径图

•2001 年

2001 年,登陆广东的热带气旋有 4 个,严重影响的热带气旋有 1 个(表 3-105,表 3-106,图 3-53)。

表 3-105　2001 年总体情况一览表

前冬 ENSO 事件	事件强度	事件类型	初旋日期	终旋日期	登陆及严重影响广东个数	进入南海及南海生成个数	西太及南海生成个数
冷	弱	中部型	7 月 2 日	9 月 20 日	5	10	25

表 3-106　2001 年登陆及严重影响广东的热带气旋纪要表

序号	中央气象台编号	名称		登陆情况				
		中文	英文	登陆(影响)日期	地点	风速/(米·秒$^{-1}$)	气压/百帕	等级
1	0103	榴莲	Durian	7 月 2 日	广东湛江	35	970	台风
2	0104	尤特	Utor	7 月 6 日	广东海丰—惠东	30	970	强热带风暴
3	0107	玉兔	Yutu	7 月 26 日	广东电白	33	975	台风
4	0114	菲特	Fitow	8 月 31 日(9 月 7 日)	广西北海	20	988	热带风暴
5	0116	百合	Nari	9 月 20 日	广东惠来	28	985	强热带风暴

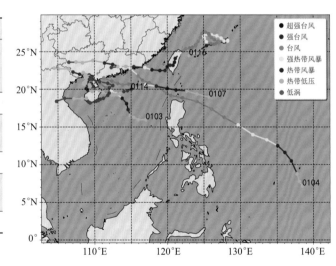

图 3-53　2001 年登陆及严重影响广东的热带气旋路径图

·2002 年

2002 年,登陆广东的热带气旋有 4 个,无严重影响的热带气旋(表 3-107,表 3-108,图 3-54)。

表 3-107　2002 年总体情况一览表

前冬 ENSO 事件	事件强度	事件类型	初旋日期	终旋日期	登陆及严重影响广东个数	进入南海及南海生成个数	西太及南海生成个数
-	-	-	8 月 5 日	9 月 28 日	4	6	26

表 3-108　2002 年登陆及严重影响广东的热带气旋纪要表

序号	中央气象台编号	名称		登陆(影响)日期	登陆情况			
		中文	英文		地点	风速/(米·秒⁻¹)	气压/百帕	等级
1	0212	北冕	Kammuri	8 月 5 日	广东陆丰	25	985	强热带风暴
2	0214	黄蜂	Vongfong	8 月 19 日	广东吴川	29	980	强热带风暴
3	0218	黑格比	Hagupit	9 月 12 日	广东阳江	25	985	强热带风暴
4	0220	米克拉	Mekkhala	9 月 28 日	广东廉江—遂溪	12	1002	热带低压

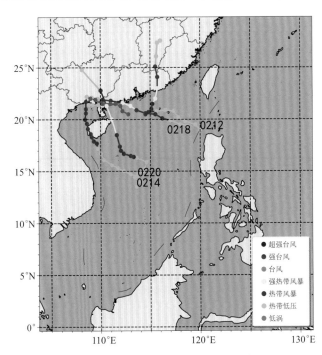

图 3-54　2002 年登陆及严重影响广东的热带气旋路径图

· 2003 年

2003 年,登陆广东的热带气旋有 3 个,严重影响的热带气旋有 2 个(表 3-109,表 3-110,图 3-55)。

表 3-109　2003 年总体情况一览表

前冬 ENSO 事件	事件强度	事件类型	初旋日期	终旋日期	登陆及严重影响广东个数	进入南海及南海生成个数	西太及南海生成个数
暖	中等	中部型	7 月 24 日	11 月 19 日	5	7	21

表 3-110　2003 年登陆及严重影响广东的热带气旋纪要表

序号	中央气象台编号	名称 中文	名称 英文	登陆(影响)日期	登陆情况 地点	登陆情况 风速/(米·秒$^{-1}$)	登陆情况 气压/百帕	等级
1	0307	伊布都	Imbudo	7 月 24 日	广东阳江-电白	38	965	台风
2	△			(8 月 21 日)				
3	0312	科罗旺	Krovanh	8 月 25 日	广东徐闻	35	965	台风
4	0313	杜鹃	Dujuan	9 月 2 日	广东惠东	35	965	台风
				9 月 2 日	广东深圳	35	965	台风
				9 月 2 日	广东中山	32	975	强热带风暴
5	0320	尼伯特	Nepartak	11 月 18 日 (11 月 19 日)	海南乐东	33	975	台风

注:序号 2 热带低压西北行至广东近海减弱消失。

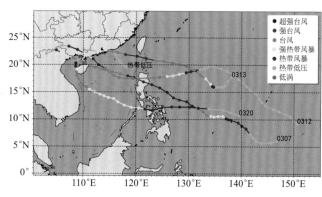

图 3-55　2003 年登陆及严重影响广东的热带气旋路径图

• 2004 年

2004 年,登陆广东的热带气旋有 2 个,严重影响的热带气旋有 1 个(表 3-111,表 3-112,图 3-56)。

表 3-111　2004 年总体情况一览表

前冬 ENSO 事件	事件强度	事件类型	初旋日期	终旋日期	登陆及严重影响广东个数	进入南海及南海生成个数	西太及南海生成个数
-	-	-	7 月 16 日	8 月 26 日	3	7	30

表 3-112　2004 年登陆及严重影响广东的热带气旋纪要表

| 序号 | 中央气象台编号 | 名称 | | 登陆情况 | | | |
		中文	英文	登陆(影响)日期	地点	风速/(米·秒⁻¹)	气压/百帕	等级
1	0409	圆规	Kompasu	7 月 16 日	香港	23	995	热带风暴
2	0411			7 月 27 日	广东陆丰—惠来	20	995	热带风暴
3	0418	艾利	Aere	8 月 25 日(8 月 26 日)	福建石狮	35	975	台风

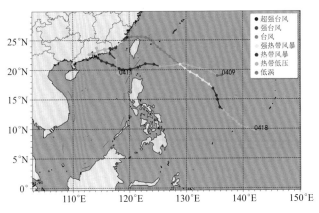

图 3-56　2004 年登陆及严重影响广东的热带气旋路径图

· 2005 年

2005 年,登陆广东的热带气旋有 1 个,严重影响的热带气旋有 2 个(表 3-113,表 3-114,图 3-57)。

表 3-113 2005 年总体情况一览表

前冬 ENSO 事件	事件强度	事件类型	初旋日期	终旋日期	登陆及严重影响广东个数	进入南海及南海生成个数	西太及南海生成个数
暖	弱	中部型	7 月 30 日	10 月 3 日	3	7	23

表 3-114 2005 年登陆及严重影响广东的热带气旋纪要表

序号	中央气象台编号	名称		登陆(影响)日期	登陆情况			
		中文	英文		地点	风速/(米·秒⁻¹)	气压/百帕	等级
1	0508	天鹰	Washi	7 月 30 日 (7 月 30 日)	海南琼海	25	985	强热带风暴
2	0510	珊瑚	Sanvn	8 月 13 日	广东澄海	28	982	强热带风暴
3	0519	龙王	Long wang	10 月 2 日 (10 月 3 日)	福建厦门	30	980	强热带风暴

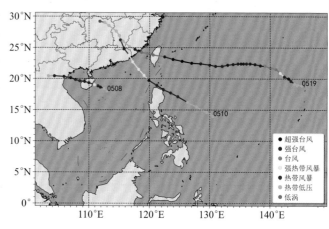

图 3-57 2005 年登陆及严重影响广东的热带气旋路径图

• 2006 年

2006年,登陆广东的热带气旋有5个,严重影响的热带气旋有4个(表3-115,表3-116,图3-58)。

表 3-115　2006 年总体情况一览表

前冬 ENSO 事件	事件强度	事件类型	初旋日期	终旋日期	登陆及严重影响广东个数	进入南海及南海生成个数	西太及南海生成个数
-	-	-	5月18日	9月13日	9	10	24

表 3-116　2006 年登陆及严重影响广东的热带气旋纪要表

序号	中央气象台编号	名称 中文	名称 英文	登陆(影响)日期	登陆情况 地点	登陆情况 风速/(米·秒⁻¹)	登陆情况 气压/百帕	登陆情况 等级
1	0601	珍珠	Chanchu	5月18日	广东饶平	35	960	台风
2	0602	杰拉华	Jelawat	6月29日	广东湛江	15	997	热带低压
3	△			7月3日(7月4日)	海南万宁	15	997	热带低压
4	0604	碧利斯	Bilis	7月14日(7月15日)	福建霞浦	30	975	强热带风暴
5	0605	格美	Kaemi	7月25日(7月26日)	福建晋江	33	975	台风
6	0606	派比安	Prapiroon	8月3日	广东阳西—电白	33	975	台风
7	0609	宝霞	Bopha	8月9日(8月11日)	台湾台东	23	990	热带风暴
8	△			8月25日	广东台山	15	1002	热带低压
9	△			9月13日	广东阳江	12	1002	热带低压

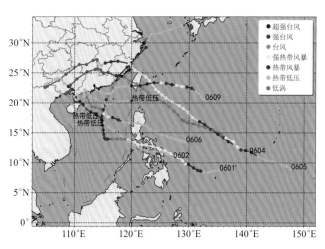

图 3-58　2006 年登陆及严重影响广东的热带气旋路径图

·2007 年

2007 年,登陆广东的热带气旋有 1 个,严重影响的热带气旋有 3 个(表 3-117,表 3-118,图 3-59)。

表 3-117　2007 年总体情况一览表

前冬 ENSO 事件	事件强度	事件类型	初旋日期	终旋日期	登陆及严重影响广东个数	进入南海及南海生成个数	西太及南海生成个数
暖	弱	东部型	7 月 5 日	9 月 24 日	4	7	25

表 3-118　2007 年登陆及严重影响广东的热带气旋纪要表

序号	中央气象台编号	名称 中文	名称 英文	登陆(影响)日期	登陆情况 地点	风速/(米·秒⁻¹)	气压/百帕	等级
1	0703	桃芝	Toraji	7 月 4 日(7 月 5 日)	海南万宁	15	998	热带低压
2	0707	帕布	Pabuk	8 月 10 日 8 月 10 日	香港 广东中山	20 15	990 990	热带风暴 热带低压
3	0709	圣帕	Sepat	8 月 19 日(8 月 19 日)	福建惠安	33	985	台风
4	0714	范斯高	Francisco	9 月 24 日(9 月 24 日)	海南文昌	20	992	热带风暴

注:0709 号热带气旋给广东北部、东部和珠三角地区带来暴雨到大暴雨降水,属于严重影响广东的热带气旋。

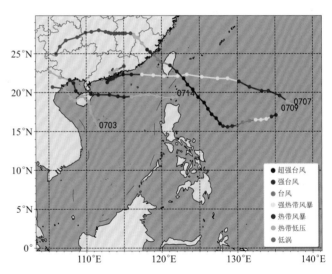

图 3-59　2007 年登陆及严重影响广东的热带气旋路径图

• 2008 年

2008 年,登陆广东的热带气旋有 6 个(含 1 个强台风),严重影响的热带气旋有 2 个(表 3-119,表 3-120,图 3-60)。

表 3-119 2008 年总体情况一览表

前冬 ENSO 事件	事件强度	事件类型	初旋日期	终旋日期	登陆及严重影响广东个数	进入南海及南海生成个数	西太及南海生成个数
冷	中等	东部型	4 月 19 日	10 月 4 日	8	10	22

表 3-120 2008 年登陆及严重影响广东的热带气旋纪要表

序号	中央气象台编号	名称		登陆(影响)日期	登陆情况			
		中文	英文		地点	风速/(米·秒$^{-1}$)	气压/百帕	等级
1	0801	浣熊	Neoguri	4 月 19 日	广东阳东	18	998	热带风暴
2	0806	风神	Fengshen	6 月 25 日	广东深圳	23	990	热带风暴
3	0807	海鸥	Kalmaegi	7 月 18 日(7 月 18 日)	福建霞浦	25	988	强热带风暴
4	0808	凤凰	Fung-wong	7 月 28 日(7 月 28 日)	福建福清	33	975	台风
5	0809	北冕	Kammuri	8 月 6 日	广东电白	20	988	热带风暴
6	0812	鹦鹉	Nuri	8 月 22 日 8 月 22 日	香港西贡 广东南沙	30 25	980 985	强热带风暴 强热带风暴
7	0814	黑格比	Hagupit	9 月 24 日	广东电白	48	945	强台风
8	0817	海高斯	Higos	10 月 4 日	广东吴川	15	1000	热带低压

注:0807 号和 0808 号热带气旋给广东东部带来暴雨到大暴雨降水,属于严重影响广东的热带气旋。

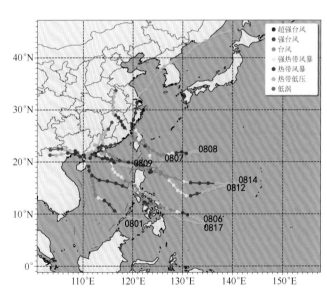

图 3-60 2008 年登陆及严重影响广东的热带气旋路径图

· 2009 年

2009 年,登陆广东的热带气旋有 5 个,严重影响的热带气旋有 2 个(表 3-121,表 3-122,图 3-61)。

表 3-121　2009 年总体情况一览表

前冬 ENSO 事件	事件强度	事件类型	初旋日期	终旋日期	登陆及严重影响广东个数	进入南海及南海生成个数	西太及南海生成个数
-	-	-	6 月 26 日	10 月 12 日	7	11	23

表 3-122　2009 年登陆及严重影响广东的热带气旋纪要表

序号	中央气象台编号	名称		登陆(影响)日期	登陆情况			
		中文	英文		地点	风速/(米·秒$^{-1}$)	气压/百帕	等级
1	0904	浪卡	Nangka	6 月 26 日	广东惠东	20	994	热带风暴
2	0905	苏迪罗	Soudelor	7 月 12 日	广东徐闻	18	994	热带风暴
3	0906	莫拉菲	Molave	7 月 19 日	广东深圳	38	965	台风
4	0907	天鹅	Goni	8 月 5 日	广东台山	25	980	强热带风暴
5	0913	彩虹	Mujigae	9 月 11 日 (9 月 11 日)	海南文昌	20	992	热带风暴
6	0915	巨爵	Koppu	9 月 15 日	广东台山	35	970	台风
7	0917	芭玛	Pama	10 月 12 日 (10 月 12 日)	海南万宁	23	992	热带风暴

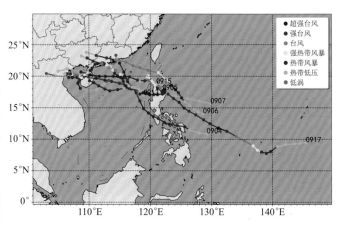

图 3-61　2009 年登陆及严重影响广东的热带气旋路径图

• 2010 年

　　2010 年,登陆广东的热带气旋有 1 个,严重影响的热带气旋有 4 个(表 3-123,表 3-124,图 3-62)。

表 3-123　2010 年总体情况一览表

前冬 ENSO 事件	事件强度	事件类型	初旋日期	终旋日期	登陆及严重影响广东个数	进入南海及南海生成个数	西太及南海生成个数
暖	中等	中部型	7 月 22 日	10 月 23 日	5	7	14

表 3-124　2010 年登陆及严重影响广东的热带气旋纪要表

| 序号 | 中央气象台编号 | 名称 | | 登陆(影响)日期 | 登陆情况 | | | |
		中文	英文		地点	风速/(米·秒$^{-1}$)	气压/百帕	等级
1	1003	灿都	Chanthu	7 月 22 日	广东吴川	35	970	台风
2	1006	狮子山	Lionrock	9 月 2 日 (9 月 2 日)	福建漳浦	23	990	热带风暴
3	1011	凡亚比	Fanapi	9 月 20 日 (9 月 20 日)	福建漳浦	35	970	台风
4	△			10 月 7 日 (10 月 10 日)	海南东方	12	1006	热带低压
5	1013	鲇鱼	Megi	10 月 23 日 (10 月 23 日)	福建漳浦	35	970	台风

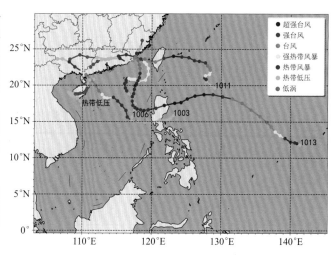

图 3-62　2010 年登陆及严重影响广东的热带气旋路径图

· 2011 年

2011 年,登陆广东的热带气旋有 3 个,严重影响的热带气旋有 1 个(表 3-125,表 3-126,图 3-63)。

表 3-125　2011 年总体情况一览表

前冬 ENSO 事件	事件强度	事件类型	初旋日期	终旋日期	登陆及严重影响广东个数	进入南海及南海生成个数	西太及南海生成个数
冷	中等	东部型	6 月 11 日	9 月 29 日	4	8	21

表 3-126　2011 年登陆及严重影响广东的热带气旋纪要表

序号	中央气象台编号	名称 中文	名称 英文	登陆(影响)日期	地点	风速/(米·秒⁻¹)	气压/百帕	等级
1	1103	莎莉嘉	Sarika	6 月 11 日	广东汕头	18	998	热带风暴
2	1104	海马	Haima	6 月 23 日	广东阳西—电白	20	990	热带风暴
				6 月 23 日	广东吴川	20	990	热带风暴
3	1108	洛坦	Nock-ten	7 月 29 日 (7 月 29 日)	海南文昌	28	980	强热带风暴
4	1117	纳沙	Nesat	9 月 29 日	广东徐闻	35	968	台风

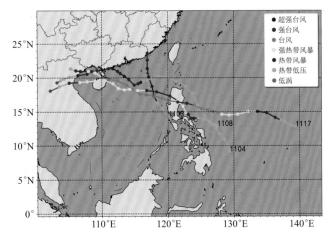

图 3-63　2011 年登陆及严重影响广东的热带气旋路径图

· 2012 年

2012 年,登陆广东的热带气旋有 3 个(含 1 个强台风),严重影响的热带气旋有 3 个(含 1 个强台风)(表 3-127,表 3-128,图 3-64)。

表 3-127 2012 年总体情况一览表

前冬 ENSO 事件	事件强度	事件类型	初旋日期	终旋日期	登陆及严重影响广东个数	进入南海及南海生成个数	西太及南海生成个数
冷	弱	中部型	6 月 20 日	8 月 25 日	6	9	25

表 3-128 2012 年登陆及严重影响广东的热带气旋纪要表

序号	中央气象台编号	名称 中文	名称 英文	登陆情况 登陆(影响)日期	登陆情况 地点	登陆情况 风速/(米·秒$^{-1}$)	登陆情况 气压/百帕	等级
1	1205	泰利	Talim	(6 月 20 日)				
2	1206	杜苏芮	Doksuri	6 月 30 日	广东珠海	23	985	热带风暴
3	1208	韦森特	Vicente	7 月 24 日	广东台山	42	960	强台风
4	1209	苏拉	Saola	8 月 3 日(8 月 5 日)	福建福鼎	25	985	强热带风暴
5	1213	启德	Kai-tak	8 月 17 日	广东湛江麻章区	38	968	台风
6	1214	天秤	Tembin	8 月 24 日(8 月 25 日)	台湾屏东	45	945	强台风

注:1205 号热带气旋东北行至台湾海峡后减弱消失。1214 号热带气旋在广东东部近海回旋,带来大到暴雨降水,属于严重影响广东的热带气旋。

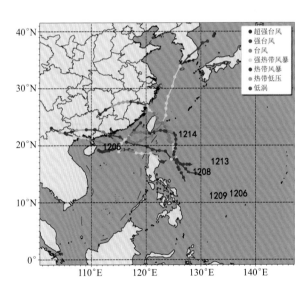

图 3-64 2012 年登陆及严重影响广东的热带气旋路径图

· 2013 年

2013 年,登陆广东的热带气旋有 3 个(含 2 个强台风),严重影响的热带气旋有 3 个(表 3-129,表 3-130,图 3-65)。

表 3-129 2013 年总体情况一览表

前冬 ENSO 事件	事件强度	事件类型	初旋日期	终旋日期	登陆及严重影响广东个数	进入南海及南海生成个数	西太及南海生成个数
-	-	-	6 月 22 日	9 月 22 日	6	14	31

表 3-130 2013 年登陆及严重影响广东的热带气旋纪要表

序号	中央气象台编号	名称		登陆(影响)日期	登陆情况			
		中文	英文		地点	风速/(米·秒⁻¹)	气压/百帕	等级
1	1305	贝碧嘉	Bebinca	6 月 22 日(6 月 22 日)	海南琼海	23	984	热带风暴
2	1306	温比亚	Rumbia	7 月 2 日	广东湛江	30	970	强热带风暴
3	1308	西马仑	Cimaron	7 月 18 日(7 月 18 日)	福建漳浦	23	995	热带风暴
4	1309	飞燕	Jebi	8 月 2 日(8 月 2 日)	海南文昌	30	980	强热带风暴
5	1311	尤特	Utor	8 月 14 日	广东阳西	42	955	强台风
6	1319	天兔	Usagi	9 月 22 日	广东汕尾	45	930	强台风

注:1305 号热带气旋给广东南部沿海带来大风和大暴雨到特大暴雨降水,属于严重影响广东的热带气旋。

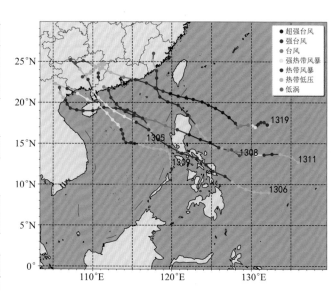

图 3-65 2013 年登陆及严重影响广东的热带气旋路径图

•2014 年

2014 年,登陆广东的热带气旋有 4 个(含 1 个超强台风和 1 个强台风),严重影响的热带气旋有 1 个(表 3-131,表 3-132,图 3-66)。

表 3-131　2014 年总体情况一览表

前冬 ENSO 事件	事件强度	事件类型	初旋日期	终旋日期	登陆及严重影响广东个数	进入南海及南海生成个数	西太及南海生成个数
-	-	-	6 月 15 日	9 月 16 日	5	8	23

表 3-132　2014 年登陆及严重影响广东的热带气旋纪要表

| 序号 | 中央气象台编号 | 名称 | | 登陆情况 | | | | |
		中文	英文	登陆(影响)日期	地点	风速/(米·秒⁻¹)	气压/百帕	等级
1	1407	海贝斯	Hagibis	6 月 15 日	广东汕头	23	986	热带风暴
2	1409	威马逊	Rammasun	7 月 18 日	广东徐闻	62	910	超强台风
3	△			8 月 19 日(8 月 19 日)	福建漳浦	15	1004	热带低压
4	△			9 月 8 日	广东湛江	15	1000	热带低压
5	1415	海鸥	Kalmaegi	9 月 16 日	广东徐闻	42	960	强台风

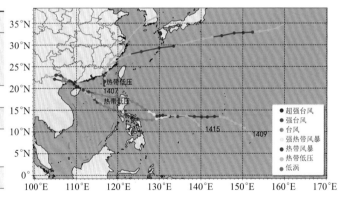

图 3-66　2014 年登陆及严重影响广东的热带气旋路径图

• 2015 年

2015 年,登陆广东的热带气旋有 2 个(含 1 个超强台风),严重影响的热带气旋有 1 个(表 3-133,表 3-134,图 3-67)。

表 3-133　2015 年总体情况一览表

前冬 ENSO 事件	事件强度	事件类型	初旋日期	终旋日期	登陆及严重影响广东个数	进入南海及南海生成个数	西太及南海生成个数
暖	超强	东部型	6 月 23 日	10 月 4 日	3	7	27

表 3-134　2015 年登陆及严重影响广东的热带气旋纪要表

| 序号 | 中央气象台编号 | 名称 | | 登陆情况 | | | | |
		中文	英文	登陆(影响)日期	地点	风速/(米·秒$^{-1}$)	气压/百帕	等级
1	1508	鲸鱼	Kujira	6 月 22 日(6 月 23 日)	海南万宁	25	982	强热带风暴
2	1510	莲花	Linfa	7 月 9 日	广东陆丰	38	965	台风
3	1522	彩虹	Mujigae	10 月 4 日	广东湛江	52	935	超强台风

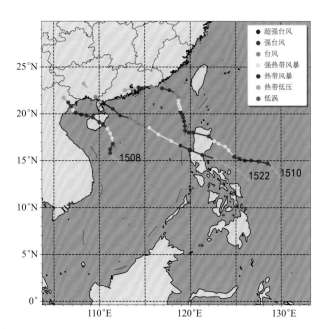

图 3-67　2015 年登陆及严重影响广东的热带气旋路径图

• 2016 年

2016 年,登陆广东的热带气旋有 4 个,严重影响的热带气旋有 3 个(含 1 个超强台风)(表 3-135,表 3-136,图 3-68)。

表 3-135　2016 年总体情况一览表

前冬 ENSO 事件	事件强度	事件类型	初旋日期	终旋日期	登陆及严重影响广东个数	进入南海及南海生成个数	西太及南海生成个数
暖	超强	东部型	5 月 27 日	10 月 21 日	7	10	26

表 3-136　2016 年登陆及严重影响广东的热带气旋纪要表

| 序号 | 中央气象台编号 | 名称 | | 登陆(影响)日期 | 登陆情况 | | | |
		中文	英文		地点	风速/(米·秒⁻¹)	气压/百帕	等级
1	△			5 月 27 日	广东阳江	15	998	热带低压
2	1604	妮妲	Nida	8 月 2 日	广东深圳	33	975	台风
3	1608	电母	Dianmu	8 月 18 日	广东湛江	20	982	热带风暴
4	1614	莫兰蒂	Meranti	9 月 15 日 (9 月 15 日)	福建厦门	52	940	超强台风
5	1617	鲇鱼	Megi	9 月 28 日 (9 月 28 日)	福建泉州	33	975	台风
6	1621	莎莉嘉	Sarika	10 月 18 日 (10 月 18 日)	海南万宁	38	965	台风
7	1622	海马	Haima	10 月 21 日	广东汕尾	38	970	台风

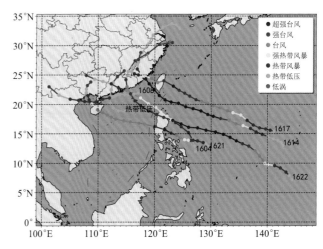

图 3-68　2016 年登陆及严重影响广东的热带气旋路径图

· 2017 年

2017 年,登陆广东的热带气旋有 6 个(含 1 个强台风),严重影响的热带气旋有 2 个(表 3-137,表 3-138,图 3-69)。

表 3-137　2017 年总体情况一览表

前冬 ENSO 事件	事件强度	事件类型	初旋日期	终旋日期	登陆及严重影响广东个数	进入南海及南海生成个数	西太及南海生成个数
-	-	-	6 月 12 日	10 月 16 日	8	17	28

表 3-138　2017 年登陆及严重影响广东的热带气旋纪要表

序号	中央气象台编号	名称(中文)	名称(英文)	登陆(影响)日期	登陆情况(地点)	风速/(米·秒⁻¹)	气压/百帕	等级
1	1702	苗柏	Merbok	6 月 12 日	广东深圳	25	988	强热带风暴
2	1707	洛克	Roke	7 月 23 日	香港	20	995	热带风暴
3	1709	纳沙	Nesat	7 月 30 日(7 月 31 日)	福建福清	33	975	台风
4	1713	天鸽	Hato	8 月 23 日	广东珠海	48	945	强台风
5	1714	帕卡	Pakhar	8 月 27 日	广东珠海	30	980	强热带风暴
6	1716	玛娃	Mawar	9 月 3 日	广东汕尾	20	995	热带风暴
7				9 月 24 日(9 月 25 日)	海南万宁	20	995	热带风暴
8	1720	卡努	Khanun	10 月 16 日	广东徐闻	25	990	强热带风暴

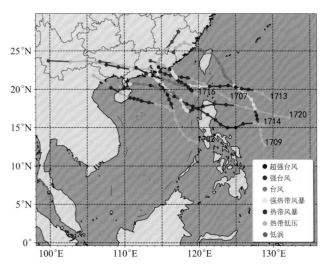

图 3-69　2017 年登陆及严重影响广东的热带气旋路径图

・2018 年

2018年，登陆广东的热带气旋有5个（含1个强台风），无严重影响的热带气旋（表3-139，表3-140，图3-70）。

表3-139 2018年总体情况一览表

前冬 ENSO 事件	事件强度	事件类型	初旋日期	终旋日期	登陆及严重影响广东个数	进入南海及南海生成个数	西太及南海生成个数
冷	弱	东部型	6月6日	9月16日	5	11	29

表3-140 2018年登陆及严重影响广东的热带气旋纪要表

序号	中央气象台编号	名称 中文	名称 英文	登陆（影响）日期	登陆情况 地点	风速/(米·秒⁻¹)	气压/百帕	等级
1	1804	艾云尼	Ewiniar	6月6日 6月7日	广东徐闻 广东阳江	20 23	992 990	热带风暴 热带风暴
2	1809	山神	Son-Tinh	7月23日	广东徐闻	15	994	热带低压
3	1816	贝碧嘉	Bebinca	8月11日 8月15日	广东阳江 广东雷州	15 23	998 985	热带低压 热带风暴
4	1823	百里嘉	Barijat	9月13日	广东湛江	25	990	强热带风暴
5	1822	山竹	Mangkhut	9月16日	广东台山	42	960	强台风

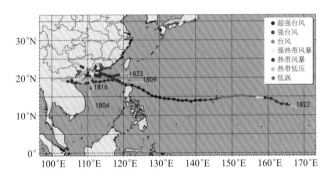

图 3-70 2018年登陆及严重影响广东的热带气旋路径图

· 2019 年

2019 年,登陆广东的热带气旋有 1 个,严重影响的热带气旋有 1 个(表 3-141,表 3-142,图 3-71)。

表 3-141　2019 年总体情况一览表

前冬 ENSO 事件	事件强度	事件类型	初旋日期	终旋日期	登陆及严重影响广东个数	进入南海及南海生成个数	西太及南海生成个数
暖	弱	中部型	8 月 1 日	8 月 25 日	2	11	29

表 3-142　2019 年登陆及严重影响广东的热带气旋纪要表

序号	中央气象台编号	名称 中文	名称 英文	登陆(影响)日期	登陆情况 地点	风速/(米·秒⁻¹)	气压/百帕	等级
1	1907	韦帕	Wipha	8 月 1 日	广东湛江	23	982	热带风暴
2	1911	白鹿	Bailu	8 月 25 日 (8 月 25 日)	福建东山	23	990	热带风暴

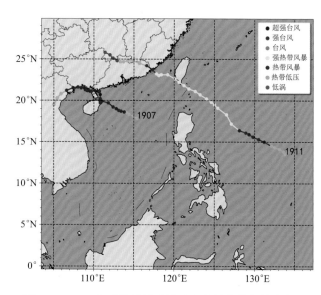

图 3-71　2019 年登陆及严重影响广东的热带气旋路径图

•2020 年

2020 年，登陆广东的热带气旋有 2 个，严重影响的热带气旋有 2 个（表 3-143，表 3-144，图 3-72）。

表 3-143　2020 年总体情况一览表

前冬 ENSO 事件	事件强度	事件类型	初旋日期	终旋日期	登陆及严重影响广东个数	进入南海及南海生成个数	西太及南海生成个数
暖	弱	中部型	6 月 14 日	10 月 13 日	4	15	23

表 3-144　2020 年登陆及严重影响广东的热带气旋纪要表

序号	中央气象台编号	名称		登陆(影响)日期	登陆情况			
		中文	英文		地点	风速/(米·秒⁻¹)	气压/百帕	等级
1	2002	鹦鹉	Nuri	6 月 14 日	广东阳江海陵岛	20	995	热带风暴
2	2006	米克拉	Mekkhala	8 月 11 日(8 月 11 日)	福建漳浦	38	975	台风
3	2007	海高斯	Higos	8 月 19 日	广东珠海	33	975	台风
4	2016	浪卡	Nangka	10 月 13 日(10 月 13 日)	海南琼海	25	988	强热带风暴

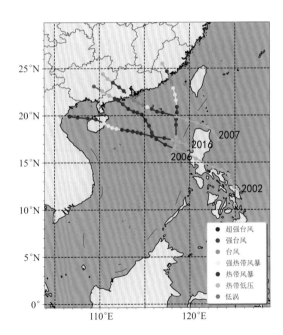

图 3-72　2020 年登陆及严重影响广东的热带气旋路径图

·2021 年

2021 年,登陆广东的热带气旋有 2 个,严重影响的热带气旋有 2 个(表 3-145,表 3-146,图 3-73)。

表 3-145　2021 年总体情况一览表

前冬 ENSO 事件	事件强度	事件类型	初旋日期	终旋日期	登陆及严重影响广东个数	进入南海及南海生成个数	西太及南海生成个数
冷	中等	东部型	7 月 20 日	12 月 21 日	4	9	22

表 3-146　2021 年登陆及严重影响广东的热带气旋纪要表

序号	中央气象台编号	名称 中文	名称 英文	登陆(影响)日期	登陆情况 地点	风速/(米·秒⁻¹)	气压/百帕	等级
1	2107	查帕卡	Cempaka	7 月 20 日	广东阳江	33	968	台风
2	2109	卢碧	Lupit	8 月 5 日	广东汕头	23	985	热带风暴
3	2117	狮子山	Lionrock	10 月 8 日 (10 月 9 日)	海南琼海	20	990	热带风暴
4	2122	雷伊	Rai	(12 月 21 日)				

注:2122 号热带气旋东北行至广东近海减弱消失。

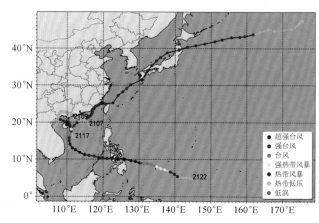

图 3-73　2021 年登陆及严重影响广东的热带气旋路径图

•2022 年

　　2022 年,登陆广东的热带气旋有 5 个,严重影响的热带气旋有 1 个(表 3-147,表 3-148,图 3-74)。

表 3-147　2022 年总体情况一览表

前冬 ENSO 事件	事件强度	事件类型	初旋日期	终旋日期	登陆及严重影响广东个数	进入南海及南海生成个数	西太及南海生成个数
冷	弱	东部型	7 月 2 日	11 月 3 日	6	7	25

表 3-148　2022 年登陆及严重影响广东的热带气旋纪要表

序号	中央气象台编号	名称		登陆(影响)日期	登陆情况			
		中文	英文		地点	风速/(米·秒⁻¹)	气压/百帕	等级
1	2203	暹芭	Chaba	7 月 2 日	广东电白	35	965	台风
2	△			8 月 4 日	广东惠东	13	1002	热带低压
3	2207	木兰	Mulan	8 月 10 日	广东徐闻	20	995	热带风暴
4	2209	马鞍	Ma-on	8 月 25 日	广东电白	30	982	强热带风暴
5	2220	纳沙	Nesat	(10 月 16 日)				
6	2222	尼格	Nalgae	11 月 3 日	广东珠海	15	1002	热带低压

　　注:2220 号热带气旋西行至北部湾南部海面减弱消失,给广东海陆带来超过 4 天的持续性大风,属于严重影响广东的热带气旋。

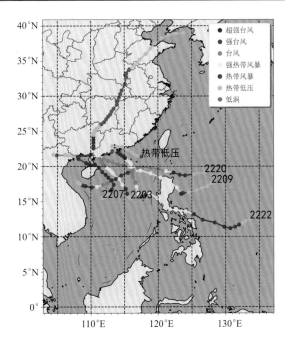

图 3-74　2022 年登陆及严重影响广东的热带气旋路径图

附录 A　1949—2022 年逐年登陆及严重影响广东的热带气旋统计表

表 A-1　1949—2022 年逐年登陆及严重影响广东的热带气旋初/终旋日期

年份	初旋日期	终旋日期	年份	初旋日期	终旋日期	年份	初旋日期	终旋日期
1949	7 月 10 日	10 月 4 日	1974	6 月 8 日	12 月 2 日	1999	5 月 2 日	10 月 9 日
1950	6 月 7 日	11 月 24 日	1975	6 月 17 日	10 月 23 日	2000	6 月 18 日	9 月 1 日
1951	5 月 13 日	9 月 22 日	1976	6 月 22 日	9 月 20 日	2001	7 月 2 日	9 月 20 日
1952	6 月 13 日	9 月 12 日	1977	6 月 16 日	9 月 25 日	2002	8 月 5 日	9 月 28 日
1953	7 月 1 日	11 月 1 日	1978	6 月 26 日	10 月 17 日	2003	7 月 24 日	11 月 19 日
1954	5 月 12 日	11 月 12 日	1979	7 月 6 日	9 月 25 日	2004	7 月 16 日	8 月 26 日
1955	6 月 5 日	9 月 25 日	1980	5 月 24 日	9 月 19 日	2005	7 月 30 日	10 月 3 日
1956	6 月 30 日	9 月 29 日	1981	7 月 7 日	11 月 23 日	2006	5 月 18 日	9 月 13 日
1957	7 月 16 日	10 月 15 日	1982	6 月 30 日	9 月 15 日	2007	7 月 5 日	9 月 24 日
1958	6 月 1 日	9 月 30 日	1983	7 月 13 日	10 月 13 日	2008	4 月 19 日	10 月 4 日
1959	7 月 6 日	9 月 11 日	1984	6 月 25 日	9 月 5 日	2009	6 月 26 日	10 月 12 日
1960	6 月 9 日	10 月 11 日	1985	6 月 24 日	9 月 22 日	2010	7 月 22 日	10 月 23 日
1961	5 月 19 日	9 月 29 日	1986	5 月 20 日	10 月 19 日	2011	6 月 11 日	9 月 29 日
1962	5 月 25 日	10 月 3 日	1987	6 月 19 日	10 月 28 日	2012	6 月 20 日	8 月 25 日
1963	7 月 1 日	9 月 14 日	1988	6 月 29 日	9 月 24 日	2013	6 月 22 日	9 月 22 日
1964	5 月 28 日	10 月 13 日	1989	5 月 20 日	8 月 11 日	2014	6 月 15 日	9 月 16 日
1965	6 月 4 日	11 月 13 日	1990	6 月 18 日	9 月 9 日	2015	6 月 23 日	10 月 4 日
1966	7 月 13 日	9 月 4 日	1991	7 月 19 日	10 月 1 日	2016	5 月 27 日	10 月 21 日
1967	6 月 30 日	11 月 8 日	1992	7 月 13 日	9 月 5 日	2017	6 月 12 日	10 月 16 日
1968	8 月 6 日	10 月 1 日	1993	6 月 27 日	11 月 4 日	2018	6 月 6 日	9 月 16 日
1969	7 月 28 日	9 月 27 日	1994	6 月 8 日	8 月 27 日	2019	8 月 1 日	8 月 25 日
1970	7 月 16 日	10 月 17 日	1995	7 月 31 日	10 月 14 日	2020	6 月 14 日	10 月 13 日
1971	5 月 4 日	9 月 20 日	1996	7 月 27 日	9 月 20 日	2021	7 月 20 日	12 月 21 日
1972	6 月 12 日	11 月 8 日	1997	8 月 2 日	8 月 22 日	2022	7 月 2 日	11 月 3 日
1973	7 月 3 日	10 月 10 日	1998	8 月 11 日	10 月 27 日			

表 A-2　1949—2022 年逐年登陆及严重影响广东的热带气旋个数

年份	登陆	严重影响	年份	登陆	严重影响	年份	登陆	严重影响
1949	5	0	1974	4	5	1999	6	2
1950	3	4	1975	3	5	2000	3	1
1951	4	2	1976	5	1	2001	4	1
1952	7	2	1977	2	3	2002	4	0
1953	3	5	1978	3	3	2003	3	2
1954	5	2	1979	4	0	2004	2	1
1955	3	2	1980	6	3	2005	1	2
1956	1	5	1981	2	2	2006	5	4
1957	5	0	1982	2	2	2007	1	3
1958	3	4	1983	3	3	2008	6	2
1959	3	3	1984	5	1	2009	5	2
1960	5	3	1985	6	3	2010	1	4
1961	7	3	1986	5	2	2011	3	1
1962	2	2	1987	2	1	2012	3	3
1963	4	2	1988	4	1	2013	3	3
1964	6	1	1989	2	2	2014	4	1
1965	4	3	1990	2	3	2015	2	1
1966	3	1	1991	5	0	2016	4	3
1967	7	1	1992	3	2	2017	6	2
1968	3	2	1993	7	0	2018	5	0
1969	1	1	1994	4	3	2019	1	1
1970	5	1	1995	6	1	2020	2	2
1971	4	4	1996	2	3	2021	2	2
1972	2	3	1997	2	0	2022	5	1
1973	5	3	1998	2	2			

表 A-3　1949—2022 年逐年逐月登陆及严重影响广东的热带气旋个数

年份	1月	2月	3月	4月	5月	6月	7月	8月	9月	10月	11月	12月	合计
1949	0	0	0	0	0	0	1	1	2	1	0	0	5
1950	0	0	0	0	0	1	2	0	1	2	1	0	7
1951	0	0	0	0	1	1	0	2	2	0	0	0	6
1952	0	0	0	0	0	2	2	2	3	0	0	0	9
1953	0	0	0	0	0	0	2	2	3	0	1	0	8
1954	0	0	0	0	1	1	0	2	1	0	2	0	7
1955	0	0	0	0	0	1	1	1	2	0	0	0	5
1956	0	0	0	0	0	1	1	2	2	0	0	0	6
1957	0	0	0	0	0	0	1	1	2	1	0	0	5
1958	0	0	0	0	0	1	2	1	3	0	0	0	7
1959	0	0	0	0	0	0	2	2	2	0	0	0	6
1960	0	0	0	0	0	2	0	4	1	1	0	0	8
1961	0	0	0	0	1	0	3	3	3	0	0	0	10
1962	0	0	0	0	1	0	0	1	1	1	0	0	4
1963	0	0	0	0	0	0	2	2	2	0	0	0	6
1964	0	0	0	0	1	0	1	2	2	1	0	0	7
1965	0	0	0	0	0	2	2	0	2	0	1	0	7
1966	0	0	0	0	0	0	3	0	1	0	0	0	4
1967	0	0	0	0	0	1	0	5	0	1	1	0	8
1968	0	0	0	0	0	0	0	2	2	1	0	0	5
1969	0	0	0	0	0	0	1	0	1	0	0	0	2
1970	0	0	0	0	0	0	2	2	2	0	0	0	6
1971	0	0	0	0	2	2	2	1	1	0	0	0	8
1972	0	0	0	0	0	2	1	1	0	0	1	0	5
1973	0	0	0	0	0	0	2	4	1	1	0	0	8

续表

年份	1 月	2 月	3 月	4 月	5 月	6 月	7 月	8 月	9 月	10 月	11 月	12 月	合计
1974	0	0	0	0	0	2	1	1	1	2	1	1	9
1975	0	0	0	0	0	1	0	3	1	3	0	0	8
1976	0	0	0	0	0	1	1	3	1	0	0	0	6
1977	0	0	0	0	0	1	2	1	1	0	0	0	5
1978	0	0	0	0	0	1	1	2	0	2	0	0	6
1979	0	0	0	0	0	0	2	1	1	0	0	0	4
1980	0	0	0	0	1	1	4	1	2	0	0	0	9
1981	0	0	0	0	0	0	2	0	2	1	1	0	6
1982	0	0	0	0	0	1	0	1	1	1	0	0	4
1983	0	0	0	0	0	0	3	0	2	1	0	0	6
1984	0	0	0	0	0	1	0	3	1	0	0	0	6
1985	0	0	0	0	0	2	1	3	3	0	0	0	9
1986	0	0	0	0	1	1	2	1	1	1	0	0	7
1987	0	0	0	0	0	1	0	0	1	1	0	0	3
1988	0	0	0	0	0	1	1	1	2	0	0	0	5
1989	0	0	0	0	1	0	2	1	0	0	0	0	4
1990	0	0	0	0	0	2	1	0	1	0	0	0	5
1991	0	0	0	0	0	0	2	1	1	1	0	0	5
1992	0	0	0	0	0	0	3	1	1	0	0	0	5
1993	0	0	0	0	0	1	0	1	3	1	1	0	7
1994	0	0	0	0	0	2	2	2	0	0	0	0	6
1995	0	0	0	0	0	0	1	3	1	2	0	0	7
1996	0	0	0	0	0	0	1	2	2	0	0	0	5
1997	0	0	0	0	0	0	0	0	2	0	0	0	2
1998	0	0	0	0	0	0	0	2	1	1	0	0	4

续表

年份	1月	2月	3月	4月	5月	6月	7月	8月	9月	10月	11月	12月	合计
1999	0	0	0	0	1	1	1	1	3	1	0	0	8
2000	0	0	0	0	0	1	1	1	1	0	0	0	4
2001	0	0	0	0	0	0	3	0	2	0	0	0	5
2002	0	0	0	0	0	0	0	2	2	0	0	0	4
2003	0	0	0	0	0	0	1	2	1	0	1	0	5
2004	0	0	0	0	0	0	2	1	0	0	0	0	3
2005	0	0	0	0	0	0	1	1	0	1	0	0	3
2006	0	0	0	0	1	1	3	3	1	0	0	0	9
2007	0	0	0	0	0	0	1	2	1	0	0	0	4
2008	0	0	0	1	0	1	2	2	1	1	0	0	8
2009	0	0	0	0	0	1	2	1	2	1	0	0	7
2010	0	0	0	0	0	0	1	0	2	2	0	0	5
2011	0	0	0	0	0	2	1	0	1	0	0	0	4
2012	0	0	0	0	0	2	1	3	0	0	0	0	6
2013	0	0	0	0	0	1	2	2	1	0	0	0	6
2014	0	0	0	0	0	1	1	1	2	0	0	0	5
2015	0	0	0	0	0	1	1	0	0	1	0	0	3
2016	0	0	0	0	1	0	0	2	2	2	0	0	7
2017	0	0	0	0	0	1	2	2	2	1	0	0	8
2018	0	0	0	0	0	1	1	1	2	0	0	0	5
2019	0	0	0	0	0	0	0	2	0	0	0	0	2
2020	0	0	0	0	0	1	0	2	0	1	0	0	4
2021	0	0	0	0	0	0	1	1	0	1	0	1	4
2022	0	0	0	0	0	0	1	3	0	1	1	0	6

附录 B　热带气旋命名由来与方法

热带气旋在不同的地区有不同的称呼。如在中国、日本,习惯称它为"台风";在中美洲、加勒比海地区,人们称它为"飓风";在我国以东的孟加拉湾、印度洋和南太平洋部分海区,人们称它为"气旋"或"热带气旋"。在有国际统一的命名规则以前,有关国家和地区对出没在当地的热带气旋叫法不一,同一热带气旋往往有数个称呼。

据记载,最早是根据热带气旋中心所处的位置来给热带气旋命名。直到 19 世纪初叶,一些加勒比海岛屿上的讲西班牙语的人根据热带气旋登陆的圣历时间命名。到了 19 世纪末,开始出现以人名为热带气旋命名的先例。澳大利亚预报员克里门·兰格把他不喜欢的政治人物给热带气旋命名,以此来公开地戏称。当然这也就是一种戏说。真正给热带气旋命名的主要原因是:热带气旋的危害大,需要引起人们足够重视;热带气旋生命史长,海面上经常同时出现多个热带气旋。

在西北太平洋,联合台风警报中心于 1945 年开始正式以女性人名为风力达热带风暴级或以上的热带气旋命名(详见附录表 B-1)。后来因受到女权主义者的反对,从 1979 年开始,交替使用一个男性人名和一个女性人名(详见附录表 B-2、表 B-3、表 B-4)。命名表使用 4 组英文名字循环使用,各组名字均按字母依次排列,每一年第一个名字接上前一年最后一个名字。规定的名字一般不变,但如果被命名的那个热带气旋因造成重大灾害或带来巨大经济损失而被任何国家(地区)请求撤换,则该热带气旋的名字将从命名表中剔除,代之以同性别且第一个字母相同的另一个名字。在 2000 年以前,国际上有使用 JT-WC 命名的惯例。

为加强国际区域合作,避免名称混乱,1997 年世界气象组织台风委员会第 30 次年度会议决定,西北太平洋和南中国海的热带气旋采用具有亚洲风格的名称命名,以提高人们对热带气旋的关注和警惕。1998 年世界气象组织台风委员会第 31 届会议讨论通过了新的热带气旋命名表,并决定从 2000 年 1 月 1 日起开始执行。命名表共有 140 个名称,分别由世界气象组织台风委员会所属的亚太地区的柬埔寨、中国、朝鲜、中国香港、日本、老挝、中国澳门、马来西亚、密克罗尼西亚、菲律宾、韩国、泰国、美国以及越南等 14 个成员国和地区提供,每个成员贡献 10 个名称,总计 140 个名称循环使用。中文名称经国家气象主管机构与中国香港和中国澳门地区气象机构协商一致确定。命名表共有 5 列,每列分 2 组,每组为各成员的一个轮回,按照各成员英文名称的字母顺序依次排列(详见附录表 B-5)。每一个名称都有一定的含义,具体含义详见附录表 B-6。世界气象组织区域专业气象中心(Regional Specialized Meteorological Center,RSMC)——东京台风中心负责按照命名表顺序给达到热带风暴及其以上强度的热带气旋编号并同时命名。

当一个台风造成某个或多个成员国(地区)巨大损失,遭受损失的成员国(地区)可以向台风委员会提请撤换,这个名称将会被永久删除并停止使用,避免在提起该台风时引起混淆。另外,当台风委员会成员国(地区)认为某个台风名称不恰当时,也可提请撤换。当某个台风的名称被从命名表中删除后,台风委员会将根据相关成员的提议,对台风名称进行增补,该名称一般由原提供成员国(地区)重新推荐,2000年以来被除名及替换的台风名称详见附录表 B-7。

从此,西北太平洋和南中国海的热带气旋有了统一的名称。

表 B-1　1949—1978 年使用的西北太平洋和南中国海热带气旋英文名称

第一列	第二列	第三列	第四列
Anita	Amy	Agnes	Alice
Billie	Babe	Bess	Betty
Clara	Charlotte	Carmen	Cora
Dot	Dinah	Della	Doris
Ellen	Emma	Elaine	Elsie
Fran	Freda	Faye	Flossie
Georgia	Gilda	Gloria	Grace
Hope	Harriet	Hester	Helen
Iris	Ivy	Irma	Ida
Joan	Jean	Judy	June
Kate	Karen	Kit	Kathy
Louise	Lois	Lola	Lorna
Marge	Mary	Mamie	Marie
Nora	Nadine	Nina	Nancy
Opal	Olive	Ophelia	Olga
Patsy	Polly	Phyllis	Pamela
Ruth	Rose	Rita	Ruby
Sarah	Shirley	Susan	Sally
Thelma	Trix	Tess	Tilda
Vera	Virginia	Viola	Violet
Wanda	Wendy	Winnie	Wilda

表 B-2　1979—1989 年使用的西北太平洋和南中国海热带气旋英文名称

第一列	第二列	第三列	第四列
Andy	Abby	Alex	Agnes
Bess	Ben	Betty	Bill
Cecil	Carmen	Cary	Clara
Dot	Dom	Dinah	Doyle
Ellis	Ellen	Ed	Elsie
Faye	Forrest	Freda	Fabian
Gordon	Georgia	Gerald	Gay
Hope	Herbert	Holly	Hazen
Irving	Ida	Ike	Irma
Judy	Joe	June	Jeff
Ken	Kim	Kelly	Kit
Lola	Lex	Lynn	Lee
Mac	Marge	Maury	Mamie
Nancy	Norris	Nina	Nelson
Owen	Orchid	Ogden	Odessa
Pamela	Percy	Phyllis	Pat
Roger	Ruth	Roy	Ruby
Sarah	Sperry	Susan	Skip
Tip	Thelma	Thad	Tess
Vera	Vernon	Vanessa	Val
Wayne	Wynne	Warren	Winona

表 B-3 1990—1995 年使用的西北太平洋和南中国海热带气旋英文名称

第一列	第二列	第三列	第四列
Abe	Angela	Amy	Axel
Becky	Brian	Brendan	Bobbie
Cecil	Collen	Caitlin	Chuck
Dot	Dan	Dous	Deanna
Ed	Elsie	Ellie	Eli
Flo	Forrest	Fred	Faye
Gene	Gay	Gladys	Gary
Hattie	Hunt	Harry	Helen
Ira	Irma	Ivy	Irving
Jeana	Jack	Joel	Janis
Kyle	Koryn	Kinna	Kent
Lola	Lewis	Luke	Lois
Mike	Marian	Mireille	Mark
Nell	Nathan	Nat	Nina
Owen	Ofelia	Orchid	Oscar
Page	Percy	Pat	Polly
Russ	Robyn	Ruth	Ryan
Sharon	Steve	Seth	Sibyl
Tim	Tasha	Thelma	Ted
Vanessa	Vernon	Verne	Val
Walt	Winona	Wilda	Ward
Yunya	Yancy	Yuri	Yvette
Zeke	Zola	Zelda	Zack

表 B-4 1996—1999 年使用的西北太平洋和南中国海热带气旋英文名称

第一列	第二列	第三列	第四列
Ann	Abel	Amber	Alex
Bart	Beth	Bing	Babs
Cam	Carlo	Cass	Chip
Dan	Dale	David	Dawn
Eve	Ernie	Ella	Elvis
Frankie	Fern	Fritz	Faith
Gloria	Greg	Ginger	Gil
Herb	Hannah	Hank	Hilda
Ian	Isa	Ivan	Iris
Joy	Jimmy	Joan	Jacob
Kirk	Kelly	Ketth	Kate
Lisa	Levi	Linda	Leo
Marty	Marie	Mort	Maggie
Niki	Nestor	Nichole	Neil
Orson	Opal	Otto	Olga
Piper	Peper	Penny	Paul
Rick	Rosie	Rex	Rachel
Sally	Scott	Stella	Sam
Tom	Tina	Todd	Tanya
Willie	Winnie	Waldo	Wendy
Violet	Victor	Vicki	Virgil
Yates	Yule	Yanni	York
Zane	Zita	Zeb	Zia

表 B-5 ESCAP/WMO 台风委员会西北太平洋和南中国海热带气旋命名表
(2022 年起执行)

名称来源	第一列 英文名 中文名	第二列 英文名 中文名	第三列 英文名 中文名	第四列 英文名 中文名	第五列 英文名 中文名
柬埔寨	Damrey 达维	Kong-rey 康妮	Nakri 娜基莉	Krovanh 科罗旺	Trases 翠丝
中国	Haikui 海葵	Yinxing 银杏	Fengshen 风神	Dujuan 杜鹃	Mulan 木兰
朝鲜	Kirogi 鸿雁	Toraji 桃芝	Kalmaegi 海鸥	Surigae 舒力基	Meari 米雷
中国香港	Yun-yeung 鸳鸯	Man-yi 万宜	Fung-wong 凤凰	Choi-wan 彩云	Ma-on 马鞍＊＊
日本	Koinu 小犬	Usagi 天兔	Koto 天琴	Koguma 小熊	Tokage 蝎虎
老挝	Bolaven 布拉万	Pabuk 帕布	Nokaen 洛鞍	Champi 蔷琵	Hinnamnor 轩岚诺＊＊
中国澳门	Sanba 三巴	Wutip 蝴蝶	Penha 西望洋	In-Fa 烟花	Muifa 梅花
马来西亚	Jelawat 杰拉华	Sepat 圣帕	Nuri 鹦鹉	Cempaka 查帕卡	Merbok 苗柏
密克罗尼西亚	Ewiniar 艾云尼	Mun 木恩	Sinlaku 森拉克	Nepartak 尼伯特	Nanmadol 南玛都
菲律宾	Maliksi 马力斯	Danas 丹娜丝	Hagupit 黑格比	Lupit 卢碧	Talas 塔拉斯
韩国	Gaemi 格美	Nari 百合	Jangmi 蔷薇	Mirinae 银河	Noru 奥鹿＊＊
泰国	Prapiroon 派比安	Wipha 韦帕	Mekkhala 米克拉	Nida 妮妲	Kulap 玫瑰
美国	Maria 玛莉亚	Francisco 范斯高	Higos 海高斯	Omais 奥麦斯	Roke 洛克
越南	Son-Tinh 山神	Co-may 竹节草	Bavi 巴威	Conson 康森＊＊	Sonca 桑卡
柬埔寨	Ampil 安比	Krosa 罗莎	Maysak 美莎克	Chanthu 灿都	Nesat 纳沙
中国	Wukong 悟空	Bailu 白鹿	Haishen 海神	Dianmu 电母	Haitang 海棠
朝鲜	Jongdari 云雀	Podul 杨柳	Noul 红霞	Mindulle 蒲公英	Nalgae 尼格＊＊
中国香港	Shanshan 珊珊	Lingling 玲玲	Dolphin 白海豚	Lionrock 狮子山	Banyan 榕树
日本	Yagi 摩羯	Kajiki 剑鱼	Kujira 鲸鱼	Kompasu 圆规＊＊	Yamaneko 山猫
老挝	Leepi 丽琵	Nongfa 蓝湖	Chan-hom 灿鸿	Namtheun 南川	Pakhar 帕卡

续表

名称来源	第一列		第二列		第三列		第四列		第五列	
	英文名 中文名		英文名 中文名		英文名 中文名		英文名 中文名		英文名 中文名	
中国澳门	Bebinca 贝碧嘉		Peipah 琵琶		Peilou 琵鹭		Malou 玛瑙		Sanvu 珊瑚	
马来西亚	Pulasan 普拉桑		Tapah 塔巴		Nangka 浪卡		Nyatoh 妮亚图		Mawar 玛娃	
密克罗尼西亚	Soulik 苏力		Mitag 米娜		Saudel 沙德尔		Rai 雷伊＊＊		Guchol 古超	
菲律宾	Cimaron 西马仑		Ragasa 桦加沙		Narra 紫檀		Malakas 马勒卡＊＊		Talim 泰利	
韩国	Jebi 飞燕		Neoguri 浣熊		Gaenari 简拉维		Megi 鲇鱼＊＊		Doksuri 杜苏芮	
泰国	Krathon 山陀儿		Bualoi 博罗依		Atsani 艾莎尼		Chaba 暹芭		Khanun 卡努	
美国	Barijat 百里嘉		Matmo 麦德姆		Etau 艾涛		Aere 艾利		Lan 兰恩	
越南	Trami 潭美		Halong 夏浪		Bang-lang 班朗		Songda 桑达		Saola 苏拉	

注：＊＊ESCAP/WMO 台风委员会第 55 届会议通过除名提议,将"康森"(Conson)、"圆规"(Kompasu)、"雷伊"(Rai)、"马勒卡"(Malakas)、"鲇鱼"(Megi)、"马鞍"(Ma-on)、"轩岚诺"(Hinnamnor)、"奥鹿"(Noru)、"尼格"(Nalgae)从命名表中除名,新的名称将在 2024 年举行的第 56 届台风委员会中讨论决定。

表 B-6　ESCAP/WMO 台风委员会西北太平洋和南中国海热带气旋名称的意义

第一列		
英文名 中文名	名称来源	意义
Damrey 达维	柬埔寨	大象
Haikui 海葵	中国	一种形状如花朵的海洋动物
Kirogi 鸿雁	朝鲜	一种候鸟,在朝鲜秋来春去,和台风的活动很相似
Yun-yeung 鸳鸯	中国香港	一种水鸟
Koinu 小犬	日本	星座名称
Bolaven 布拉万	老挝	高原
Sanba 三巴	中国澳门	澳门旅游名胜
Jelawat 杰拉华	马来西亚	一种淡水鱼
Ewiniar 艾云尼	密克罗尼西亚	传统的风暴神(Chuuk 语)
Maliksi 马力斯	菲律宾	快速
Gaemi 格美	韩国	蚂蚁
Prapiroon 派比安	泰国	雨神
Maria 玛莉亚	美国	女士名(Chamarro 语)
Son-Tinh 山神	越南	山神
Ampil 安比	柬埔寨	罗望子,一种原产于东部非洲的酸豆树,也是中国三亚的市树,其果实俗称"酸角"
Wukong 悟空	中国	孙悟空
Jongdari 云雀	朝鲜	一种鸣禽
Shanshan 珊珊	中国香港	女孩名
Yagi 摩羯	日本	摩羯星座
Leepi 丽琵	老挝	老挝南部最美丽的瀑布
Bebinca 贝碧嘉	中国澳门	澳门牛奶布丁
Pulasan 普拉桑	马来西亚	一种在东南亚广受欢迎的甜美多汁的水果
Soulik 苏力	密克罗尼西亚	密克罗尼西亚波纳佩岛(Pohnpei)传统将领的头衔
Cimaron 西马仑	菲律宾	菲律宾的一种野牛
Jebi 飞燕	韩国	燕子
Krathon 山陀儿	泰国	一种水果
Barijat 百里嘉	美国	沿岸地区受风浪影响的意思(马绍尔语言)
Trami 潭美	越南	一种属玫瑰科的树木,花朵呈红色或粉红色,无香味,可做装饰用

续表

英文名 中文名	名称来源	意义
	第二列	
Kong-rey 康妮	柬埔寨	高棉传说中的可爱女孩,也是一座山的名字
Yinxing 银杏	中国	一种原产于中国的树
Toraji 桃芝	朝鲜	朝鲜深山中的一种花,开花时无声无息不惹人注意,花能食用和入药
Man-yi 万宜	中国香港	海峡名,现为水库
Usagi 天兔	日本	天兔星座
Pabuk 帕布	老挝	一种湄公河中的大型淡水鱼
Wutip 蝴蝶	中国澳门	一种昆虫
Sepat 圣帕	马来西亚	淡水鲈鱼类,鱼身细小,经常在河流杂草丛生的沼泽区或稻田里找到
Mun 木恩	密克罗尼西亚	六月(Yapese 语)
Danas 丹娜丝	菲律宾	体验及感受的意思
Nari 百合	韩国	百合花,一种球茎类植物,长有大的白色或彩色花瓣
Wipha 韦帕	泰国	女士名字
Francisco 范斯高	美国	男子名(Chamarro 语)
Co-may 竹节草	越南	一种草
Krosa 罗莎	柬埔寨	鹤
Bailu 白鹿	中国	白色的鹿,意指吉祥
Podul 杨柳	朝鲜	一种在城乡均有种植的树,闷热天气时人们喜欢在其树荫下休息聊天
Lingling 玲玲	中国香港	女孩名
Kajiki 剑鱼	日本	剑鱼星座
Nongfa 蓝湖	老挝	老挝境内的湖泊,意思为蓝色的湖
Peipah 琵琶	中国澳门	一种在澳门受欢迎的宠物鱼
Tapah 塔巴	马来西亚	属于淡水鲶鱼类,身体巨大,是马来西亚体积最大的淡水鱼
Mitag 米娜	密克罗尼西亚	女士名字,意为"我的眼睛"(Yap 语)
Ragasa 桦加沙	菲律宾	快速移动
Neoguri 浣熊	韩国	狗浣熊,生性灵巧,身体细小,呈灰啡色,面上有黑色斑纹,有粗的毛尾
Bualoi 博罗依	泰国	泰式椰奶
Matmo 麦德姆	美国	大雨
Halong 夏浪	越南	海湾名,越南著名的风景区

续表

第三列		
英文名 中文名	名称来源	意义
Nakri 娜基莉	柬埔寨	一种花
Fengshen 风神	中国	神话中的风之神
Kalmaegi 海鸥	朝鲜	一种海鸟
Fung-wong 凤凰	中国香港	山峰名
Koto 天琴	日本	天琴星座
Nokaen 洛鞍	老挝	一种鸟;燕子
Penha 西望洋	中国澳门	西望洋山,澳门新八景之一
Nuri 鹦鹉	马来西亚	一种蓝色冠羽的鹦鹉
Sinlaku 森拉克	密克罗尼西亚	密克罗尼西亚库赛埃岛(Kosrae)传说中的女神
Hagupit 黑格比	菲律宾	鞭打的意思
Jangmi 蔷薇	韩国	花名,玫瑰的一种,是时尚的象征
Mekkhala 米克拉	泰国	雷电天使
Higos 海高斯	美国	无花果(Chamarro 语)
Bavi 巴威	越南	越南北部一山名
Maysak 美莎克	柬埔寨	一种树
Haishen 海神	中国	神话中的大海之神
Noul 红霞	朝鲜	红色的天空
Dolphin 白海豚	中国香港	生活在香港水域的中华白海豚,亦是香港的吉祥物
Kujira 鲸鱼	日本	鲸鱼星座
Chan-hom 灿鸿	老挝	一种树
Peilou 琵鹭	中国澳门	一种澳门常见的候鸟
Nangka 浪卡	马来西亚	又名菠萝蜜果,黄色椭圆形状,是马来西亚非常流行的一种水果
Saudel 沙德尔	密克罗尼西亚	密克罗尼西亚波纳佩岛传说中的将领"苏迪罗"信任的卫兵
Narra 紫檀	菲律宾	一种乔木
Gaenari 简拉维	韩国	一种春天开花的灌木,有黄色的花朵;连翘
Atsani 艾莎尼	泰国	闪电
Etau 艾涛	美国	风暴云(Palauan 语)
Bang-lang 班朗	越南	一种花;大花紫薇

续表

英文名 中文名	名称来源	意义
		第四列
Krovanh 科罗旺	柬埔寨	一种树
Dujuan 杜鹃	中国	一种花
Surigae 舒力基	朝鲜	一种鹰
Choi-wan 彩云	中国香港	天上的云彩
Koguma 小熊	日本	小熊星座
Champi 蔷琶	老挝	一种花;赤素馨,又名鸡蛋花
In-Fa 烟花	中国澳门	烟花
Cempaka 查帕卡	马来西亚	以其芬芳的花闻名的植物
Nepartak 尼伯特	密克罗尼西亚	密克罗尼西亚库赛埃岛(Kosrae)著名的勇士
Lupit 卢碧	菲律宾	残酷、凶猛的意思
Mirinae 银河	韩国	宇宙的银河
Nida 妮妲	泰国	女士名字
Omais 奥麦斯	美国	漫游(Palauan 语)
Conson 康森	越南	古迹,越南境内的一风景区
Chanthu 灿都	柬埔寨	一种花
Dianmu 电母	中国	神话中的雷电之神
Mindulle 蒲公英	朝鲜	一种小黄花,春天开放,蒲公英属,是朝鲜妇女淳朴识礼的象征
Lionrock 狮子山	中国香港	香港一座远眺九龙半岛的山峰名称
Kompasu 圆规	日本	圆规星座
Namtheun 南川	老挝	河流名,湄公河的支流之一
Malou 玛瑙	中国澳门	玛瑙
Nyatoh 妮亚图	马来西亚	一种在东南亚热带雨林环境中生长的树木
Rai 雷伊	密克罗尼西亚	密克罗尼西亚雅浦岛(Yap)上的石头货币
Malakas 马勒卡	菲律宾	强壮,有力
Megi 鲇鱼	韩国	一种在河流或湖泊里常见的鱼,属于鲶鱼类
Chaba 暹芭	泰国	木槿,一种生长于热带地区的花
Aere 艾利	美国	风暴(Marshalese 语)
Songda 桑达	越南	越南西北部第一大河,沿自我国红河的一个支流

续表

第五列		
英文名 中文名	名称来源	意义
Trases 翠丝	柬埔寨	啄木鸟
Mulan 木兰	中国	木兰花,一种原产于中国的花
Meari 米雷	朝鲜	回声
Ma-on 马鞍	中国香港	山峰名
Tokage 蝎虎	日本	蝎虎星座
Hinnamnor 轩岚诺	老挝	老挝一个国家保护区的名称
Muifa 梅花	中国澳门	一种花
Merbok 苗柏	马来西亚	颈部有斑点的鸽子,常见于郊外和荒地,是马来西亚人喜爱饲养的一种雀鸟
Nanmadol 南玛都	密克罗尼西亚	密克罗尼西亚波纳佩岛上的一个著名废墟,有太平洋威尼斯之称
Talas 塔拉斯	菲律宾	锐利
Noru 奥鹿	韩国	鹿的一种;狍鹿
Kulap 玫瑰	泰国	一种花
Roke 洛克	美国	男子名(Chamarro 语)
Sonca 桑卡	越南	一种会唱歌的鸟
Nesat 纳沙	柬埔寨	捕鱼的意思
Haitang 海棠	中国	一种花
Nalgae 尼格	朝鲜	翅膀的意思,表示飞翔、动感和自由
Banyan 榕树	中国香港	华南地区常见的一种树
Yamaneko 山猫	日本	在山野生活的一种猫科动物
Pakhar 帕卡	老挝	生长在湄公河下游的一种淡水鱼
Sanvu 珊瑚	中国澳门	一种水生物
Mawar 玛娃	马来西亚	马来西亚高地品种的玫瑰花,花瓣较大,常见于花园内
Guchol 古超	密克罗尼西亚	一种香料(调味品)(Yapese 语)
Talim 泰利	菲律宾	尖锐及锋利的意思
Doksuri 杜苏芮	韩国	一种猛禽;鹰
Khanun 卡努	泰国	一种泰国水果(菠萝蜜果)
Lan 兰恩	美国	风暴的意思(马绍尔语)
Saola 苏拉	越南	越南最近发现的一种罕有的珍贵动物

表 B-7　2000 年以来被除名台风及替换名称表

被除名台风 英文名 中文名	替换名称 英文名 中文名	替换年份	被除名台风 英文名 中文名	替换名称 英文名 中文名	替换年份
Hanuman 翰文	Morakot 莫拉克	2002	Sonamu 清松	Jongdari 云雀	2015
Kodo 库都	Aere 艾利	2002	Utor 尤特	Barijat 百里嘉	2015
Chataan 查特安	Matmo 麦德姆	2004	Vicente 韦森特	Lan 兰恩	2015
Imbudo 伊布都	Molave 莫拉菲	2004	Rammasun 威马逊	Bualoi 博罗依	2016
Rusa 鹿莎	Nuri 鹦鹉	2004	Koppu 巨爵	Koguma 小熊	2017
Vamei 画眉	Peipah 琵琶	2004	Melor 茉莉	Cempaka 查帕卡	2017
Maemi 鸣蝉	Mujigae 彩虹	2006	Mujigae 彩虹	Surigae 舒力基	2017
Pongsona 凤仙	Noul 红霞	2006	Soudelor 苏迪罗	Saudel 沙德尔	2017
Rananim 云娜	Fanapi 凡亚比	2006	Haima 海马	Mulan 木兰	2018
Sudal 苏特	Mirinae 银河	2006	Meranti 莫兰蒂	Nyatoh 妮亚图	2018
Tingting 婷婷	Lionrock 狮子山	2006	Nockten 洛坦	Hinnamnor 轩岚诺	2018
Yanyan 欣欣	Dolphin 白海豚	2006	Sarika 莎莉嘉	Trases 翠丝	2018
Longwang 龙王	Haikui 海葵	2007	Hato 天鸽	Yamaneko 山猫	2019
Matsa 麦莎	Pakhar 帕卡	2007	Kai-tak 启德	Yun-yeung 鸳鸯	2019
Nabi 彩蝶	Doksuri 杜苏芮	2007	Tembin 天秤	Koinu 小犬	2019
Bilis 碧利斯	Maliksi 马力斯	2008	Mangkhut 山竹	Krathon 山陀儿	2020
Chanchu 珍珠	Sanba 三巴	2008	Rumbia 温比亚	Pulasan 普拉桑	2020
Durian 榴莲	Mangkhut 山竹	2008	Faxai 法茜	Nongfa 蓝湖	2021
Saomai 桑美	Son-Tinh 山神	2008	Hagibis 海贝思	Ragasa 桦加沙	2021
Xangsane 象神	Leepi 丽琵	2008	Kammuri 北冕	Koto 天琴	2021
Ketsana 凯萨娜	Champi 蔷琵	2011	Lekima 利奇马	Co-may 竹节草	2021

续表

被除名台风	替换名称	替换年份	被除名台风	替换名称	替换年份
英文名 中文名	英文名 中文名		英文名 中文名	英文名 中文名	
Morakot 莫拉克	Atsani 艾莎尼	2011	Phanfone 巴蓬	Nokaen 洛鞍	2021
Parma 芭玛	In-fa 烟花	2011	Yutu 玉兔	Yinxing 银杏	2021
Fanapi 凡亚比	Rai 雷伊	2012	Goni 天鹅	Gaenari 简拉维	2022
Washi 天鹰	Hato 天鸽	2013	Linfa 莲花	Peilou 琵鹭	2022
Bopha 宝霞	Ampil 安比	2014	Molave 莫拉菲	Narra 紫檀	2022
Fitow 菲特	Mun 木恩	2015	Vamco 环高	Bang-lang 班朗	2022
Haiyan 海燕	Bailu 白鹿	2015	Vongfong 黄蜂	Penha 西望洋	2022

附录C ENSO 历史事件统计表

表 C-1 ENSO 历史事件统计表

1950 年以来厄尔尼诺(暖)事件						
序号	起止年月	长度/月	峰值时间	峰值强度/℃	强度等级	事件类型
1	1951 年 8 月—1952 年 1 月	6	1951 年 11 月	0.8	弱	东部型
2	1957 年 4 月—1958 年 7 月	16	1958 年 1 月	1.7	中等	东部型
3	1963 年 7 月—1964 年 1 月	7	1963 年 11 月	1.1	弱	东部型
4	1965 年 5 月—1966 年 5 月	14	1965 年 11 月	1.7	中等	东部型
5	1968 年 10 月—1970 年 2 月	17	1969 年 2 月	1.1	弱	中部型
6	1972 年 5 月—1973 年 3 月	11	1972 年 11 月	2.1	强	东部型
7	1976 年 9 月—1977 年 2 月	6	1976 年 10 月	0.9	弱	东部型
8	1977 年 9 月—1978 年 2 月	6	1978 年 1 月	0.9	弱	中部型
9	1979 年 9 月—1980 年 1 月	5	1980 年 1 月	0.6	弱	东部型
10	1982 年 4 月—1983 年 6 月	15	1983 年 1 月	2.7	超强	东部型
11	1986 年 8 月—1988 年 2 月	19	1987 年 8 月	1.9	中等	东部型
12	1991 年 5 月—1992 年 6 月	14	1992 年 1 月	1.9	中等	东部型
13	1994 年 9 月—1995 年 3 月	7	1994 年 12 月	1.3	中等	中部型
14	1997 年 4 月—1998 年 4 月	13	1997 年 11 月	2.7	超强	东部型
15	2002 年 5 月—2003 年 3 月	11	2002 年 11 月	1.6	中等	中部型
16	2004 年 7 月—2005 年 1 月	7	2004 年 9 月	0.8	弱	中部型
17	2006 年 8 月—2007 年 1 月	6	2006 年 11 月	1.1	弱	东部型
18	2009 年 6 月—2010 年 4 月	11	2009 年 12 月	1.7	中等	中部型
19	2014 年 10 月—2016 年 4 月	19	2015 年 12 月	2.8	超强	东部型
20	2018 年 9 月—2019 年 6 月	10	2018 年 11 月	1.0	弱	中部型
21	2019 年 11 月—2020 年 3 月	5	2019 年 11 月	0.6	弱	中部型

续表

序号	起止年月	长度/月	峰值时间	峰值强度/℃	强度等级	事件类型
	1950 年以来拉尼娜(冷)事件					
1	1950 年 1 月－1951 年 2 月	12	1950 年 1 月	－1.4	中等	东部型
2	1954 年 7 月－1956 年 4 月	22	1955 年 10 月	－1.7	中等	东部型
3	1964 年 5 月－1965 年 1 月	9	1964 年 11 月	－1.0	弱	东部型
4	1970 年 7 月－1972 年 1 月	19	1971 年 1 月	－1.6	中等	东部型
5	1973 年 6 月－1974 年 6 月	13	1973 年 12 月	－1.8	中等	中部型
6	1975 年 4 月－1976 年 4 月	13	1975 年 12 月	－1.5	中等	中部型
7	1984 年 10 月－1985 年 6 月	9	1985 年 1 月	－1.2	弱	东部型
8	1988 年 5 月－1989 年 5 月	13	1988 年 12 月	－2.1	强	东部型
9	1995 年 9 月－1996 年 3 月	7	1995 年 11 月	－0.9	弱	东部型
10	1998 年 7 月－2000 年 6 月	24	2000 年 1 月	－1.6	中等	东部型
11	2000 年 10 月－2001 年 2 月	5	2000 年 12 月	－0.8	弱	中部型
12	2007 年 8 月－2008 年 5 月	10	2008 年 1 月	－1.7	中等	东部型
13	2010 年 6 月－2011 年 5 月	12	2010 年 12 月	－1.6	中等	东部型
14	2011 年 8 月－2012 年 3 月	8	2011 年 12 月	－1.1	弱	中部型
15	2017 年 10 月－2018 年 3 月	6	2018 年 1 月	－0.8	弱	东部型
16	2020 年 8 月－2021 年 3 月	8	2020 年 11 月	－1.3	中等	东部型
17	2021 年 9 月－2023 年 1 月	17	2022 年 4 月	－1.2	弱	东部型

参考文献

全国气象防灾减灾标准化技术委员会,2017. 热带气旋命名:GB/T 19202—2017[S]. 北京:中国标准出版社.

中国气象报,2000. 如何给热带气旋命名[N]. 中国气象报,09-11(003).

中国气象局上海台风研究所,2007. 中国热带气旋气候图集:1951—2000[M]. 北京:科学出版社.